江苏省高等学校重点教材（编号：2021-2-271）

师范生地理信息技术
技能训练教程

主　编　裴凤松　沈正平
参　编　夏　燕　康婷婷　李保杰
　　　　夏庚瑞　陈超军　丁夏男

南京大学出版社

内容简介

高等学校地理科学(师范)专业是培养中学地理师资的主要基地和摇篮。新一轮课程改革背景下,地理信息技术在中学地理教学中的地位被提升到了新的高度,融入中学地理课程内容成为地理科学(师范)专业地理信息技术相关课程改革的关键点。

针对当前地理科学(师范)专业地理信息技术教学多偏重于地理信息技术本身,而忽视了与中学地理教学相结合的实际,本教材介绍了地理信息系统、遥感技术的主要功能及其实践应用;同时,结合中学地理教学开展了地理信息技术运用的案例分析,旨在提高师范生的地理信息技术创新应用能力,为培养具备较强地理信息技术的地理师范生及中学地理师资提供支撑。

本书适用的读者对象主要包括地理科学(师范)专业的本科生、从事中学地理教学的专业教师及相关专业的研究生等。

图书在版编目(CIP)数据

师范生地理信息技术技能训练教程 / 裴凤松,沈正平主编. — 南京:南京大学出版社,2024.7. — ISBN 978-7-305-28211-9

Ⅰ. P208;G633.552

中国国家版本馆 CIP 数据核字第 2024Y8R636 号

出版发行　南京大学出版社
社　　址　南京市汉口路 22 号　　　邮　编　210093
书　　名　**师范生地理信息技术技能训练教程**
　　　　　SHIFANSHENG DILI XINXI JISHU JINENG XUNLIAN JIAOCHENG
主　　编　裴凤松　沈正平
责任编辑　曹　森　　　　　　　编辑热线　025 - 83686756
照　　排　南京南琳图文制作有限公司
印　　刷　扬州皓宇图文印刷有限公司
开　　本　787 mm×1092 mm　1/16 开　印张 15.25　字数 334 千
版　　次　2024 年 7 月第 1 版　2024 年 7 月第 1 次印刷
ISBN 978 - 7 - 305 - 28211 - 9
定　　价　48.00 元

网址:http://www.njupco.com
官方微博:http://weibo.com/njupco
微信服务号:NJUYUNSHU
销售咨询热线:(025)83594756

前　言

　　地理信息技术是获取、管理、分析和应用地理空间信息的现代技术的总称,主要包括地理信息系统、遥感和全球定位系统技术等。《普通高中地理课程标准(2017 年版 2020 年修订)》提出要创新培育地理学科核心素养的学习方式,充分利用地理信息技术,营造直观、实时、生动的地理教学环境。地理信息技术作为一个辅助教学工具,其突出的特点在于实践操作性强及有助于解决实际问题。挖掘和运用地理信息技术以提升学生的地理核心素养水平,这对中学地理教师的教学实践能力提出了新要求。高等院校地理科学(师范)专业的培养目标是为中等学校培养合格的地理教育教学师资,而合格的师资必须具备现代教育理念、良好的职业素质和较强的综合能力。然而,长期以来高校地理师范专业的地理信息技术课程如地理信息系统、遥感教学往往仅偏重于技术层面,而忽视了其与中学地理教学内容的结合,不利于师范生培养质量的提高。当前地理信息系统与遥感技术类教材普遍存在重技术轻应用的倾向,与中学地理课程教学内容的融合度明显不足。这种教材体系的缺失直接制约了地理师范生对新课标教学要求的理解深度,也削弱了他们运用地理信息技术解决实际教学问题的能力。作为地理科学(师范)专业人才培养的主体,师范院校亟需突破传统教学模式,着力构建地理信息技术与中学地理课程深度融合的教学体系,这既是提升师范生地理实践力核心素养的关键路径,也是新时代师范教育创新发展的重要突破口。

　　针对以上问题,本教材介绍了常用的地理信息系统软件 ArcGIS 和遥感软件 ENVI 的实践应用。同时,精选了部分中学地理教学案例,开展了地理信息技术的案例运用示范。本教材共由十一章组成,涵盖了绪论、地理信息技术技能训练基础、ArcGIS基础、ArcGIS数据采集、ArcGIS空间分析、ENVI基础、ENVI软件应用、人口与地理环境专题、城市热岛效应专题、区域开发与整治——水土流失探究、资源环境监测专题等方面。本书主要介绍了新一轮课程改革及地理新课标背景下,地理师范生必备的地理信息技术技能如ArcGIS、ENVI软件实践能力,及其结合中学地理教学内容的典型案例应用。具体来说,第一章介绍了师范生地理信息技术技能训练问题提出的背景;第二章介绍了地理信息技术技能训练的基础,包括地理信息技术理论方法、地理信息技术技能训练的内容和常用的地理信息技术技能训练软件;第三至第十一章分别介绍了地理信息系统技术、遥感技术以及中学地理信息技术技能训练案例专题研究。本教材内容体系源于编者团队多年教学实践与科研探索的成果积淀,旨在通过系统化的知识整合与案例解析,着力提升师范生运用地理信息技术开展教学实践的核心能力,同时为中学地理课程中地理信息技术的创新应用提供专业化的方法指导与资源支持。教材编写注重理论知识与教学实践的有机衔接,既包含基础技术原理的阐释,又突出典型教学场景的应用示范,力求构建从技术掌握到教学转化的完整学习通道。同时,本书在相应章节设置了二维码资源,读者扫码即可获取包括彩色图片在内的补充内容,让阅读体验更生动与立体。

由于当今地理信息技术发展迅速及编写者的学识有限,书中疏漏之处在所难免,我们恳请广大读者对教材的不足之处给予指正,并与我们一起研究和探讨。

编　者

2024年5月

目　录

上　篇　地理信息系统技术

中 篇 遥感技术

下 篇 专题研究

第一章
绪　论

第一节　地理信息技术概述

地理信息技术是获取、管理、分析和应用地理空间信息技术的总称，主要包括地理信息系统(Geographic Information System，GIS)、遥感技术(Remote Sensing，RS)和全球定位系统(Global Positioning System，GPS)，即 3S 技术。地理信息技术的核心是 3S 技术，但是并不局限于 3S 技术，还包括虚拟地理环境、网络技术等其他技术。

地理信息系统(GIS)是以空间信息数据为基础，在计算机软件及硬件的支持下，综合运用地理学、信息科学及系统工程的理论方法对空间相关数据进行采集、存储、管理、操作、分析和输出的空间信息系统。GIS 是集计算机科学、测绘学、地理学、空间科学、数学、统计学、管理学为一体的交叉科学。GIS 具有高效的数据管理能力、空间分析能力、多要素综合分析能力和动态监测能力，是一种有效的管理和决策工具。GIS 的出现可以追溯到 20 世纪 60 年代。GIS 之父 Roger Tomlinson 在 Spartan Air Services 与农业部门的技术管理人员合作时对地图数字化产生了兴趣。他们成功开发了加拿大地理信息系统(Canada Geographic Information System，CGIS)，并用于自然资源的管理和规划。1972 年，加拿大地理信息系统全面投入运行与使用，成为世界上第一个运行型的地理信息系统。美国、英国等发达国家非常重视 GIS 等技术的推广应用，美国联邦政府、州政府、地方政府和主要大学以各种方式开始引入和使用地理信息系统。我国的 GIS 起步较晚，自 20 世纪 70 年代 GIS 引入我国后得到了快速发展，现已深入国民经济的各个领域。

遥感(RS)即"遥远的感知"，广义上泛指一切无接触的远距离探测，包括对电磁场、力场、机械波(声波、地震波)等的探测；狭义上是从远处探测感知物体，也就是不直接接触物体，从远处通过探测仪器接收来自目标地物的电磁波信息，经过对信息的处理，判别出目标地物的属性及其分布等特征。遥感技术是集物理、化学、电子、空间技术、信息技术、传感技术、计算机技术于一体的科学和技术。人类历史上对于遥感的探索由来已久。1839 年摄影相机问世，法国人达格雷(Daguerre)等发表了第一张摄影相片。随着信鸽、风筝及气球等简陋平台的应用，以及摄影术的诞生和照相机的使用,早期遥感技术系统的雏形不断形成。1962 年在美国密歇根大学召开的第一次国际环境遥感讨论会上,美国海军研究局的伊·普鲁伊特(Eretyn Pruitt)首次正式提出"Remote Sensing"一词,以替代常规的航空摄影概念,此后遥感术语被普遍采用至今。随着飞机的发明,航空遥感成为 20 世纪初遥感技术的主要形式。第一次世界大战后,航空遥感被大量用于地形测绘、森林和地质调查等方面。1957 年 10 月 4 日,苏联发射世界上第一颗人造卫星,人类进入了航天遥感阶段。航天遥感的优势在于其能够快速获取大范围区域的资源环境遥感数据,如地形、地貌、水文、植被等,这为其他空间科学如地理学、生态学、教育教学提供了重要的数据来源。

GPS,主要指全球定位导航系统(GNSS),通常包括一个或多个卫星星座及其支持特定工作所需的增强系统,以及能够在地球表面或近地空间的任何地点为用户提供全天时、三维位置、速度以及时间信息的空基无线电定位系统。因而,GNSS 可以提供全球范围内的卫星定位、导航和授时服务。GNSS 定位的基本原理是根据高速运动的卫星瞬间位置作为起算数据,采用空间距离后方交会的方法,确定待测点的位置。GNSS 对于地理空间数据的获取、处理和应用具有重要意义。目前,世界上主要的 GNSS 系统包括美国的 GPS、俄罗斯的格洛纳斯(GLONASS)、中国的北斗系统(BDS)和欧洲的伽利略系统(Galileo)等。

GIS、RS 和 GPS 虽是不同的技术,但它们之间存在密切的联系。譬如它们都面向空间数据,是获取、处理和利用地理空间数据的工具。然而,三者各自的技术特点和关注点不同。RS 注重远程感知和数据获取,GPS 注重全球范围内的定位和导航,而 GIS 则更注重于多源数据的整合、处理、分析和制图。在实际应用中,三者常常相互补充、相互依赖。

第二节 中学地理教学与地理信息技术

随着计算机技术和地理信息技术的快速发展,以地理信息系统(GIS)、遥感(RS)和全球定位系统(GPS)为代表的地理信息技术逐渐被应用到自然资源、城市管理、测绘测量等各个行业。教育行业方面,英国、美国、德国等发达国家起步较早。在 20 世纪 90 年代,美国就已经开始积极探索如何将 GIS 应用于中学地理教学过程,以帮助学生更加直观、深入地认识和理解所发生的各种自然与人文现象。1991 年,英国的高中地理课程标准指出要重视在中学地理教学中对航空影像、卫星影像的运用。1994 年,美国地理国家标准更是明确了把 GIS 作为地理教学的一个重要工具。在新加坡,GIS 于 1998 年首次被引入小学、中学和大中专院校。

相比于发达国家,我国开展地理信息技术在中学地理教学中的研究,以及将地理信息技术运用到中学地理教育教学的时间相对较晚。2002 年,段玉山和夏志芳提出了利用 GIS 辅助教学的多种模式,并初步研发了适用于基础教育的 GIS 软件。2003

年教育部发布了《普通高中地理课程标准(实验)》,标志着与GIS技术应用相关内容正式进入中学课程体系,对推动和普及我国地理信息教育具有划时代的意义。与此同时,我国多所高等院校的地理系也开始开设地图学与地理信息系统相关专业。伴随着课程标准的发布,学术界纷纷开展了地理信息技术辅助地理教学的探索热潮,并取得了一定的进展。譬如,2006年,孙汉群以必修和选修两个模块为例,阐述了如何开展高中地理信息技术课程教学,提出了要充分利用地理信息技术和地理信息资源,并且创造必要的硬件、软件和师资条件,积极开展相关教学活动,不断提高地理信息技术运用教学水平。Liu和Zhu等(2008)初步开发了一个基于地理信息系统的学习环境。2011年,周贝则从高中阶段地理必修部分中的"地理信息技术应用"出发,从课程标准、教材、课堂目标设计、教学策略等四个方面对地理信息技术的课堂教学进行研究,并针对性地提出三维目标及五种教学策略。2012年,安业利用MapGIS和ArcView软件开展了基于GIS的课堂教学案例应用,据此分析了利用地理信息技术辅助课堂教学的优点,并提出了组织教学的相关建议。2015年,汤正全将Google Earth、ArcGIS两者结合在一起,围绕高中地理课程标准,开发设计了利用GIS辅助高中地理教学的案例。2018年,侯姣采用任务驱动模式将GIS运用到人文地理的教学中,进而指引学生去探索发现问题、思考问题、尝试解决问题的途径。黄振新和李立新则以LocaSpace Viewer的应用为例,分析了利用地理信息技术软件辅助地理教学的方法。2020年,王春飘以地理信息技术辅助教学为切入点,初步构建了针对模拟实验、社会调查和野外实习的中学生地理实践力培养的教学案例。2021年,高翠微和谷丰以无人机遥感及地理信息系统技术为例,开发了"中学地理信息技术实践"校本课程模型。尤其是2018年初教育部印发的《普通高中地理课程标准(2017年版)》更是强调要充分利用地理信息技术,营造直观、实时、生动的地理教学环境。

根据以往研究,地理信息技术与中学地理教学有着较高的契合度,这提供了地理信息技术与中学地理教学深度融合的前提和基础。国内学者们将地理信息技术运用于中学地理教学的研究在不断丰富,一些地理信息技术辅助中学教学的教育教学实践也在不断推进。从技术本身来说,地理信息技术的快速发展为中学地理的数字化、信息化教学提供了有效的途径。而教学设施的更新、国家教育政策的支持都为地理信息技术在中学地理教学中的深入应用提供了可行性。

第三节 地理核心素养与地理信息技术技能训练

近年来,联合国教科文组织、欧洲联盟、经济合作与发展组织等国际组织高度重视"素养"的研究,并以此为核心推进课程建设。譬如,经济合作与发展组织开展了"素养的界定与选择"专题研究,并成为"国际学生评量计划"(PISA)的重要依据。根据《现代汉语词典》中的解释"素养"是指一个人平时的修养。"修养"是指人的综合素质,通常包含四种基本含义:(1) 培养高尚的品质和正确的待人处世的态度,求取学识品德之充实完美;(2) 科学文化知识、艺术、思想等方面所达到的一定水平;(3) 逐渐养成的待人处事的正确态度;(4) 智力、性格。2015 年,汤国荣将"素养"定义为个人完成某种活动所必需的基本条件,是由训练和实践而获得的技巧或能力,包含个体平时修习而成的知识、能力、品德、观念、方法等。进入 21 世纪后,全球各国不断加大对高等教育的人力与财政支持,其最主要目的即提升学生的"核心素养"(Key Competencies)。"核心素养"的概念最早源于 2003 年出版的"Key Competencies For A Successful Life And A Well-functioning Society"一文,这一概念提出后,受到国内外教育界的广泛关注。2014 年,"核心素养"被列入我国政府文件:《教育部关于全面深化课程改革落实立德树人根本任务的意见》。2016 年 9 月 13 日,全国教育界多位学者齐聚北京师范大学,就我国学生核心素养的现状与未来发展进行了深入研讨,首次确定了核心素养的总体框架,会后发布了《中国学生发展核心素养》成果汇编。

地理学是研究地理环境以及人类活动与地理环境相互关系的科学。地理学兼具自然科学和社会科学的属性,具有较强的交叉性与综合性。依据《普通高中地理课程标准(2017 年版 2020 年修订)》,高中地理课程内容的设计以可持续发展为指导思想,以人地关系为主线,以当前人类面临的人口、资源、环境、发展等问题为重点,以现代科学技术方法为支撑,以培养国民现代文明素质为宗旨,从而全面体现地理课程的基本理念。地理核心素养是学生地理学习过程中形成的解决实际问题所需要的最有用的地理知识、最关键的地理能力、最需要满足终身发展所必备的地理思维。地理核心素养是个人通过地理学习而获得的地理知识、技能、方法与观念,或者说是个人能够从地理学的角度来观察事物且运用地理学的技能来解决问题的内在涵养。地理核心素养是地理学科固有的最具学科本质的东西,它不随时代和国界的不同而不同。《普通高中地理课程标准(2017 年版)》及《普通高中地理课程标准(2017 年版 2020 年修订)》明确提出了地理学科的四大核心素养,包括人地协调观、综合思维、区域认知和地理实践力。同时,要求创新培育地理核心素养的学习方式,根据学生地理学科核心素养形成过程的特点,科学设计地理教学过程,引导学生通过自主、合作、探究等学习方式,在自然、社会等真实情境中开展丰富多样的地理实践活动;另外,要充分利用地理信息技术,营造直观、实时、生动的地理教学环境。地理实践力素养是人们在考察、调查和模拟实验等地理实践活动中所具备的意志品质和行动能力。培养地理实践力核心素养有助于提升人们的行动意识和行动能力,更好地在真实情境中观察、感悟、理解地理环境及其与人类活动的关系,增强社会责任感。

根据《普通高中地理课程标准(2017 年版 2020 年修订)》,高中地理课程分为必修、选择性必修和选修三类课程。其中,必修课程包括两个模块,即地理 1(含地球科学基础、自然地理实践、自然环境与人类活动的关系)和地理 2(含人口、城镇和乡村、产业区位选择、环境与发展)。选择性必修课程包括 3 个模块,即自然地理基础、区域发展,以及资源、环境与国家安全。选修课程包括 9 个模块,即天文学基础、海洋地理、自然灾害与防治、环境保护、旅游地理、城乡规划、政治地理、地理信息技术应用和地理野外实习(中华人民共和国教育部,2020)。针对高中地理的几个必修模块(包括选择性必修模块),《普通高中地理课程标准(2017 年版 2020 年修订)》进一步提出了与利用地理信息技术培养学生地理实践力相关的学业要求。譬如:

地理 1:学生能够运用地理信息技术或其他地理工具,观察、识别、描述与地貌、大气、水、土壤、植被等有关的自然现象;具备一定的运用考察、实验、调查等方式进行科学探究的意识和能力。

地理 2:学生能够运用地理信息技术或其他地理工具,收集和呈现人口、城镇、产业活动等人文地理数据、图表和地图。

选择性必修 1:学生能够运用地理信息技术或其他地理工具,结合地球运动、自然环境要素的物质运动和能量交换规律,以及自然地理基本过程,分析现实世界的自然现象、过程及其对人类活动的影响。

选择性必修 2:学生能够运用地理信息技术或其他地理工具,通过案例分析、数据采集、实地调查等方式,比较、归纳不同区域发展的异同。

选择性必修 3:学生能够运用地理信息技术或其他地理工具,或实地调查身边的资源、环境状况,分析问题及成因,有理有据提出可行性对策。

通过运用地理信息技术,培养学生的地理实践力,这对地理师范生及中学地理教师的地理实践力核心素养积淀提出了新要求。但是,由于一部分教师对于地理新课标缺乏足够的认知,对基于地理信息技术培养地理实践力核心素养的必要性和可行性往往没有清晰的认识;再加上当前大量中学一线教师对地理信息技术技能掌握程度不够,地理信息技术在中学地理教学过程中的运用远没有达到应有的水平。地理信息技术没有真正地走进中学地理教学,这不利于地理学科核心素养的培养。因而,亟须积极利用地理信息技术开展地理教学活动,以提升中学地理教学质量。

众所周知,师范生作为特殊的学生群体,既承载着当下求知者的身份,又肩负着未来育人的使命。因此,无论从学生培养这一角度,还是从教师成长这一角度,师范教育都是我国教育事业发展的重要根基。高等院校地理科学(师范)专业的培养目标是为中等学校培养合格的地理师资,而合格师资必须具备新世纪现代教育理念、良好的职业素质和较强的综合能力。地理师范生兼具"学生"和"教师"的双重身份,地理实践力核心素养培养既是深化学生培养体系改革的内在要求,又是打造高质量中学地理教师队伍的必然选择。

尽管《普通高中地理课程标准(2017 年版 2020 年修订)》中明确提出要运用地理信息技术来营造直观、实时、生动的地理教学环境,当前地理师范专业地理信息技术相关课程教学往往达不到相应的要求,地理师范生的地理信息技术能力训练是否合理就成为事关师范生培养质量及影响未来中学地理教师地理信息技术水平的关键因素。一方面,大部分高校地理师范专业开设的地理信息技术类课程教学中,对实践操作的教学重视程度不够,部分课程如遥感概论往往过于侧重理论讲授,而实践内容设计比例不足。尤其重要的是以往大都忽视了实践内容与中学地理教学内容的结合，这严重影响到地理师范生综合应用地理信息技术解决实际问题的能力。另一方面，现有的地理信息技术相关课程教材如地理信息系统、遥感相关教材主要侧重于理论或技术本身，而结合中学地理课程教学和地理信息技术的综合性教材明显匮乏，这一现状直接制约了师范生地理实践力核心素养水平的培养和发展；同时，也不利于地理师范生以及一线中学地理教师的地理教学实践应用。

地理信息技术在中学地理课程教学中的推广应用是培养地理实践力核心素养的要求，更是信息时代背景下中学地理教育教学做出的必然选择，这对师范类院校地理科学(师范)专业的本科教学与新时期地理师范专业人才培养提出了新的要求。作为地理师范生的主要培养单位，师范类院校面临着重大的机遇与挑战。如何促进地理信息技术与中学地理教学高效融合是当前阶段迫切需要解决的关键问题。因而，破解这个难题的一个重要思路是提供将地理信息技术与中学地理课程教学内容相结合，并且有利于中学地理教学实践运用的综合性教材，切实提高师范生地理核心素养积淀，促进地理师范生职业发展，不断提高地理师范生的地理信息技术创新应用能力。

第二章
地理信息技术技能训练基础

第一节　地理信息技术理论方法

一、地理信息系统

地理信息系统(GIS)是跨越地球科学、空间科学和信息科学的一门交叉学科,同时又是一项工程应用技术。它是以地理学、信息科学及系统工程的理论方法为依托,在计算机软硬件的支持下,研究空间数据的采集、处理、存储、管理、分析、建模和显示的相关理论方法和应用技术,以解决复杂的管理、规划和决策等问题。GIS已成为相关行业分析应用与科学研究的基本工具。

GIS功能的实现需要一定的运行环境支持。GIS的运行环境包括计算机硬件系统、软件系统、空间数据、模型和人员五大部分。其中,计算机硬件和软件系统为GIS提供了必需的运行环境。计算机硬件系统主要包括:主机、输入设备、存储设备和输出设备。计算机软件系统是地理信息系统运行时所必需的各种程序,主要包括:计算机系统软件、GIS专业软件及其支撑软件和应用程序等。空间数据是地理信息系统的重要组成部分,属于系统分析加工的对象,是经过抽象的地理信息系统表达现实世界的实质性内容。空间数据反映了GIS的地理内容,它一般包括三个方面:空间位置数据、空间拓扑关系数据,以及属性数据。通常,它们以一定的逻辑结构存放在空间数据库中。空间数据来源比较复杂。随着研究对象、范围和类型的差异,可采用不同的空间数据结构和编码方法,其目的就是更好地管理和分析空间数据。GIS模型为GIS应用提供解决方案,它通常是根据专题分析模型编制且应用于特定任务的程序,是地理信息系统功能的扩充和延伸。另外,仅有计算机硬件、软件及数据还不能构成一个完整的GIS系统。GIS人员是系统建设中的关键和能动性因素,直接影响和协调其他几个组成部分。因而,GIS必须有专业使用和管理的人员,包括具备地理信息系统专业知识的高级应用人才、具有计算机知识的软件应用人才以及具备较强计算机实际操作能力的软硬件维护人才。

GIS的基本功能主要包括:

2

1. 数据采集功能

数据是 GIS 的血液,它贯穿于 GIS 的各个过程。数据采集是 GIS 应用的第一步,常用的数据采集方法包括基于数字化仪、扫描仪、全站仪、调查的数据采集、遥感数据采集、地理数据库导入等。

2. 数据编辑与处理功能

通常,通过数据采集手段获取的数据属于原始数据,不可避免会存在误差。为保证数据在内容、逻辑、数值上的一致性和完整性,需要对数据进行编辑、格式转换、拼接等一系列的处理工作。GIS 系统提供了强大的、交互式的编辑功能,包括图形编辑、数据变换、数据重构、拓扑建立、数据压缩、图形数据与属性数据的关联等内容。

3. 数据存储、组织与管理功能

GIS 可以使用文件系统及数据库管理系统来存储和组织地理数据。目前常用的 GIS 数据结构主要有矢量数据结构和栅格数据结构两种,而数据的组织和管理则包含文件——关系数据库混合管理模式、全关系型数据管理模式、面向对象数据管理模式等。

4. 空间查询与空间分析功能

空间查询是地理信息系统最基本的分析功能,利用它可查找满足一定条件的空间对象,将其按空间位置绘出,同时列出它们的相关属性等。空间分析是地理信息系统的核心功能,也是地理信息系统与其他计算机系统的根本区别。空间分析能够以空间数据和属性数据为基础,回答地理客观世界的有关问题。地理信息系统的空间分析功能主要包括地形分析、网络分析、叠置分析、缓冲区分析、决策分析等。随着 GIS 应用范围的不断扩大,GIS 软件的空间分析功能将不断增加。

5. 产品制作与显示功能

GIS 可以将地理数据以地图的形式进行可视化展示。用户通过 GIS 制作专题地图、符号地图、热力图等,从而在地图上直观地展示地理数据的分布和特征。

6. 二次开发与编程功能

随着 GIS 在各行各业的应用越来越广泛,常规 GIS 无法满足各类型的应用需求。因此,GIS 也具有相应的二次开发功能,用于开发满足特定行业需求的应用模型或应用软件系统。GIS 的二次开发功能包通常会提供完整的 API 和开发环境。

二、遥感技术

遥感技术通过搭载在不同工作平台上(如高塔、气球、飞机、卫星等)的各种传感器对地球表面的电磁波信息进行探测,并经信息的接收、处理和判读分析,旨在对地球资源环境进行探测和监测。遥感是一门对地观测的综合性技术,它的实现既需要一整套的技术设备支持,又需要多个学科的参与和配合。因此,遥感是一项复杂的系统工程。遥感技术系统主要由以下四大部分组成:

1. 信息源/目标物的电磁波特性

信息源是遥感需要对其进行探测的目标物体。自然界任何目标物都具有反射、吸收、透射及辐射电磁波的特性。当目标物与电磁波发生相互作用时会形成目标物的电磁波特性，这就为遥感探测提供了获取信息的依据。

2. 信息的获取

信息获取是指运用遥感技术设备接收、记录目标物电磁波特性的过程。信息获取所采用的遥感技术设备主要包括遥感平台和传感器。其中遥感平台是用来搭载传感器的运载工具，常用的有气球、飞机和人造卫星等。传感器是用来探测目标地物电磁波特性的仪器设备，常用的有摄像机、扫描仪和成像雷达等。

3. 信息的接收

传感器接收到目标物的电磁波信息，记录在数字磁介质或胶片上。胶片是由人或回收舱送至地面回收，而数字磁介质上记录的信息则可通过卫星上的微波天线传输给地面的卫星接收站。譬如，美国国家宇航局（NASA）在全世界范围内建立了 20 多个地面接收站，专门用来接收和预处理各种遥感数据。

4. 信息的处理

信息处理是运用光学仪器或计算机设备对所获取的遥感信息进行校正、分析和解译处理的技术过程。信息处理的作用是通过对遥感信息的校正、分析和解译处理，掌握或清除遥感原始信息的误差，梳理、归纳出被探测目标物的影像特征，然后依据特征从遥感信息中识别并提取所需的有用信息。

5. 信息的应用

信息应用是由遥感专业人员根据不同的目的将遥感信息应用于各业务领域的过程。常见方法是将遥感信息作为地理信息系统的数据源，供人们对其进行查询、统计和分析利用。遥感的应用领域十分广泛，最主要的应用有：军事、地质矿产勘探、自然资源调查、地图测绘、环境监测以及城市建设和管理等。

随着高分辨率、定量遥感时代的来临，遥感数据获取与信息服务能力均得到了前所未有的发展。当前遥感技术已经形成了从地面到空中乃至空间，从数据收集、处理到判读分析和应用，从而实现对全球进行多层次、多视角、多领域探测和监测的观测体系，是获取地球资源与环境信息的重要手段，广泛应用于农业、林业、地质、海洋、气象、水文、环保等领域。遥感与地理信息系统的结合，为地理研究提供了广阔的发展前景。我国遥感事业经过 50 余年的发展，目前已形成资源卫星、环境卫星、气象卫星、海洋卫星、测绘卫星和宇宙飞船等空间对地观测系统，广泛服务于我国国民经济的各个领域。

第二节　地理信息技术技能训练内容

地理空间能力是地理师范生必备技能之一。地理空间能力在广义上指认识自己赖以生存的地理环境的能力,包括分析、理解事物和现象的相关位置、空间分布、相互关系,以及它们的变化和规律的能力;狭义上来讲地理空间能力是对地理图像、图表操作能力。地理信息技术不仅能满足地理空间实践活动的特点和要求,而且能够有效地提高师范生的综合实践活动能力。常见的地理信息技术训练内容有:地图能力、GIS 数据采集和处理能力、GIS 空间分析能力、遥感图像处理能力和遥感图像判读能力等。

一、地图能力

地图是地理学的第二语言。地图是用来描述和展示地球的表面特征、地理现象和地理信息的图形化工具。地图可以通过各种投影方式来呈现地球表面,包括等面积投影、等角投影和等距投影等。不同的投影方式可以提供不同的地图形式,以满足不同的地理需求和目的。地图在地理教学中不仅是信息传递工具,还是帮助学生培养地理意识、地理技能和地理分析能力的关键工具。地理教学离不开地图的支持,而地图也通过地理教学帮助学生更好地理解地理方面的复杂性和多样性。

地图和地理教学始终相伴,这是地理教学的一大特点。地图是教师和学生可视化地理信息和地理概念的关键工具,在地理教学中起到了重要的作用。地图可以用来展示地理数据,如人口分布、地形、气候、资源等,是用于将地理数据可视化的主要工具之一。在地理教学中,学生可以使用地图来观察地理特征、地理分布和地理关系,从而更好地理解地球表面的各种现象。

地理学中,地图的组成要素通常包括标题、图例、比例尺、方向、格网或经纬网、地图边框、标注和注释要素、图形元素等。地图的组成要素可能因地图类型、目的和使用者需求而有所不同,但这些要素通常都包括在地图设计中,以提供清晰、准确的地理信息,这决定了利用地理信息技术进行制图时需要关注的要点。利用地理信息技术去提高地图在地理教学中的表现力,可以锻炼学生思维、培养学生地理分析能力。学习如何制作、解读和分析地图,是培养师范生地理信息技术技能的关键部分。

二、GIS 数据采集和处理能力

地理信息系统的设计和建立,首先是收集数据和处理数据,而地理信息是对表达地理现象的地理数据的解释。数据是未经加工的原始材料。地理现象可以从不同侧面进行描述,从而形成不同类型的地理数据,包括空间数据、属性数据和时间数据。GIS 数据采集和处理能力是指利用采集仪器、传感器、调查问卷等多种技术手段和工具,获取地理数据并对其进行处理、整理和管理的能力。这些数据可以是地理位置、地形信息、人口统计数据、气候数据等。数据采集可以通过卫星遥感、GPS 测量、空中摄影、现场调查等多种方式进行。数据处理是对采集到的地理数据进行加工、整理和转化的过程,主要包括数据格式转换、数据清洗和去噪、数据融合、数据质量控制等操作。

地理信息系统的数据采集和处理能力对于有效利用地理数据、实现地理分析和支持决策具有重要意义。通过采集和处理地理数据可以获取全面、准确的地理信息，为决策和规划提供基础数据支持；通过数据整合处理，地理信息系统可以整合不同来源和格式的地理数据，将其集成为统一的数据集，提供一体化的地理信息支持；利用数据质量控制方法，清洗和去除错误和冗余数据，可以提高数据的可靠性和准确性。经过处理和质量控制的地理数据可以在城市规划、环境保护、交通管理等多个应用领域中共享和应用，促进信息共享和协同决策。

三、GIS 空间分析能力

GIS 空间分析是从空间数据中获取有关地理对象的空间位置、分布、形态、形成和演变等信息的分析技术。空间分析是地理信息系统的核心功能之一，是地理信息系统区别于一般管理信息系统的主要功能特征。根据用于分析的空间数据的形式可以分为：基于矢量数据的空间分析和基于栅格数据的空间分析。矢量数据结构较为严密，能够提供有效的拓扑编码，便于拓扑操作，图形输出美观。同矢量数据分析相比，栅格数据结构简单，栅格数据叠置操作更易实现、更有效，能有效表达空间可变性，便于做图像的有效增强，同时具有不存在破碎多边形问题等优点，使得基于栅格数据的空间分析在不同领域应用更为广泛。另外，栅格数据结构也存在其缺点，包括数据量大，难以表达拓扑关系，图形输出不美观、有锯齿等方面。

基于矢量数据的空间分析有以下几种方法：

1. 缓冲区分析

基于矢量数据的缓冲区分析是根据数据库中的点、线、面实体，自动建立其周围一定宽度范围内的缓冲区多边形实体，从而实现空间数据在水平方向得以扩展的信息分析方法。根据指定的距离或区域，在地理要素周围创建一个范围或区域，称为缓冲区。这个缓冲区可以用来分析和量化地理要素对周围环境的影响范围。例如，可以使用缓冲区分析来确定河流的沿岸保护区或城市中心的步行范围。

2. 叠置分析

基于矢量数据的叠置分析是将不同的矢量数据图层叠置在一起，以识别共同区域或具有相似属性的地理要素。通过叠置分析，可以发现两个或多个要素之间的空间关系和交互作用。例如，使用叠置分析可以确定自然保护区和人类活动区域之间的重叠区域，从而辅助环境规划和管理。

3. 网络分析

网络分析是基于网络数据模型进行的空间分析，用于研究地理要素之间的连接和路径。这种分析可以帮助确定最佳路径、最短路径、网络服务区域等。网络分析在交通规划、物流管理和应急响应等领域中得到广泛应用。

4. 空间插值

空间插值是利用已知的地理要素值，推断或估计未知位置的地理要素值。这种分析方法可以用来填补数据缺失,生成连续的表面模型,并帮助预测和模拟。常见的空间插值方法包括反距离加权插值(IDW)、克里金插值(Kriging)和样条插值(Spline)。

5. 空间聚类

空间聚类是将地理要素划分为具有相似属性或空间关系的群集。通过分析地理要素之间的距离和相似性,可以识别出空间上的热点区域、聚集趋势和离散区域。空间聚类分析在城市规划、疾病传播研究和环境监测中具有重要应用。

6. 模式分析

空间分布模式分析是通过统计方法来确定地理要素的空间分布规律。这种分析可用于检测地理要素之间的聚集、随机性和分散趋势,从而帮助理解地理现象的空间特征和模式。一些常见的空间分布模式分析方法包括点模式分析、核密度估计和莫兰指数分析。

对于栅格数据,常见的空间分析方法有以下几种:

1. 像元代数

像元代数是一种通过数学运算来处理栅格数据的方法。像元代数方法允许执行像元级别的计算,例如加法、减法、乘法和除法等。

2. 邻域分析

邻域分析是根据像元周围的邻近像元来分析栅格数据空间关系的一种方法。通过定义和计算邻域内像元的统计特征,可以揭示出空间模式和趋势。邻域分析方法包括均值滤波、方差滤波和最大值滤波等。

3. 栅格重分类

栅格重分类是将栅格数据的像元值根据一定的规则和条件进行重新分组和重新编码的一种方法。这可以用于将连续值转换为离散类别、将高分辨率数据转换为低分辨率数据等。栅格重分类可以帮助简化数据、提取特定特征和生成新的栅格图层。

4. 空间分析模型

空间分析模型是一种基于栅格数据进行空间分析的复杂模型。它可以根据一定的规则和算法来模拟和预测栅格数据的空间变化和趋势。空间分析模型可以用于环境模拟、气候预测、土地利用规划等领域。

四、GIS 二次开发能力

地理信息系统根据其内容可分为两大基本类型:一种是应用型地理信息系统,以某一专业、领域或工作为主要内容,包括专题地理信息系统和区域综合地理信息系统;另外一种是工具型地理信息系统,也就是 GIS 工具软件包,如 ArcGIS 等,具有空间数据输入、存储、处理、分析和输出等 GIS 基本功能。随着地理信息系统应用领域的扩展,应用型 GIS 的开发工作日显重要。如何针对不同的应用目标,高效地开发出既满足需求又界面美观的应用型地理信息系统,是 GIS 开发者非常关心的问题。

根据普通高中地理课程教学要求,选修模块《地理信息技术与应用》建议使用二次开发的 GIS 软件(如对国产软件进行二次开发)以简化 GIS 功能。实际教学过程中,建议开发地理信息技术综合学习软件平台来辅助地理教学。GIS 开发方式主要包括:独立开发方式、宿主型开发方式和组件开发方式。

1. 独立开发

独立开发是不依赖于任何 GIS 工具软件,利用专业程序设计语言开发应用模型,从空间数据的采集、编辑到数据的处理分析及结果输出,所有的算法都由开发者独立设计,然后选用某种程序设计语言,如 C♯、Java 等,在一定的操作系统平台上编程实现。这种方式的好处在于无须依赖任何商业 GIS 工具软件,减少了开发成本。然而,对于大多数开发者来说,GIS 平台层开发工作量大,技术难度高,开发周期长,维护工作艰难。另外,能力、时间、财力方面的限制使其开发出来的产品很难在功能上与商业化 GIS 工具软件相比,而且在购买 GIS 工具软件上省下的资金往往也抵不上开发者在开发过程中绞尽脑汁所花的代价。

2. 宿主型二次开发

宿主型二次开发是基于 GIS 平台软件进行的应用系统开发。大多数 GIS 平台软件都提供了可供用户进行二次开发的脚本语言,如 ESRI 的 ArcGIS 提供了 Python 语言。用户可以利用这些脚本语言,以宿主 GIS 软件为开发平台,开发出针对不同应用对象的应用程序。这种方式省时省心,但进行二次开发的脚本语言,通常功能较弱,用它们来开发应用程序往往不尽如人意,并且所开发的系统不能脱离 GIS 平台软件,加上代码是解释执行的,效率不高,用户界面还受平台软件的限制。

3. 基于 GIS 组件的二次开发

大多数 GIS 软件厂商都提供商业化的 GIS 组件,如 ESRI 公司的 ArcObjects、MapInfo 公司的 MapX 等,这些组件都具备 GIS 的基本功能,开发人员可以基于通用软件开发工具尤其是可视化开发工具,如 C♯ 等为开发平台进行二次开发。开发者利用 GIS 工具软件提供的 GIS 功能组件,可以直接将 GIS 功能嵌入其中,实现地理信息系统的各种功能。

宿主型和集成开发方式主要利用 API(Application Programming Interface)函数、控件和组件技术开发。其中,API 开发难度大、复杂性高、周期长。相比而言,利用控件进行二次开发,用户可以根据开发需要选择一种自己熟悉的二次开发语言来进行开发,开发周期短、难度小。但控件一般封装得比较简单,开放性和可扩展性有所欠缺,不适用于大型工程应用开发。目前,利用组件技术进行二次开发是主流的 GIS 二次开发方式,代表性软件有 ESRI 的 ArcObjects,通过把 GIS 功能分别封装成一个个组件,使得系统有很好的灵活性、开放性和可扩展性。

五、遥感图像处理能力

遥感图像是遥感传感器对目标地物反(发)射电磁波能量信息的记录。由于地物目标与遥感传感器之间存在大气的吸收、散射等作用的干扰作用,以及遥感平台的高速运动、遥感传感器本身固有的缺陷和记录介质的变形等,所获得的遥感图像往往存有失真之处,需要进行各种处理,如纠正几何变形、除云、消除噪声等,以恢复其本来信息。另外,有时还要借助图像增强、密度分割等技术来突出遥感图像中某些信息。遥感图像处理能力指对遥感图像进行辐射校正、几何纠正、影像镶嵌、裁剪以及各种专题处理等一系列操作,以求达到预期目的的技术。通常遥感图像处理可分为两类:一是利用光学、电子学的方法对遥感模拟图像(照片、底片)进行处理,即光学处理;二是利用计算机对遥感数字图像进行一系列操作,从而获得预期结果的技术,也称为遥感数字图像处理。

遥感数字图像处理能力主要包括:

1. 辐射校正

通常进入传感器的辐射强度主要受两个物理量的影响:一是太阳辐射照射到地面的辐射强度,二是地物的光谱反射率。当太阳辐射相同时,图像上亮度的差异直接反映了不同地物地面反射率的差异。然而,辐射强度还受其他因素包括传感器本身的误差、大气对辐射的影响、地形对辐射的影响等,这一改变的部分就是需要校正的部分,即为辐射畸变。辐射校正是指对由于外界因素、数据获取和传输系统产生的系统的、随机的辐射失真或畸变进行的校正,从而消除或改正因辐射误差而引起影像亮度畸变的过程。

辐射校正通常包含辐射定标、大气校正及太阳高度角和地形校正。辐射定标是辐射校正的第一步,它的任务是将原始遥感影像中的亮度值转换为大气外层表面的反射率,或者转化为辐射亮度值。大气校正是根据影像的辐射特性和大气光学特性,基于大气模型和辐射传输模型,消除大气对影像的影响,得到真实的地物反射率。大气校正的目的是消除大气中水蒸气、氧气、二氧化碳、甲烷和臭氧等对地物反射的影响,以及消除大气分子和气溶胶散射的影响,获得地物反射率、辐射率、地表温度等物理模型参数。常见的大气校正模型包括:标准大气模型、MODTRAN 模型、6S 模型等。太阳高度角和地形校正是辐射校正的最后一步,主要通过统计和物理模型,纠正由地表地形和太阳高度角差异引起的辐射亮度误差。

2. 几何校正

遥感成像过程中,由于传感器、遥感平台、地球自转、地形起伏等因素的影响,传感器生成的图像像元相对于地面目标物的实际位置往往发生了挤压、拉伸、扭曲和偏移等问题,这一现象称之为几何畸变。几何畸变会给基于遥感图像的定量分析、变化检测、图像融合、地图测量或更新等处理带来误差,所以需要针对图像的几何畸变进行校正,即几何校正。遥感图像的几何校正分为两种:几何粗纠正和几何精纠正。前者是根据产生畸变的原因,利用空间位置变化关系,采用计算公式和取得的辅助参数进行的校正;而后者是指利用地面控制点做的精密校正。几何精校正通常不考虑引起畸变的原因,直接利用地面控制点建立起像元坐标与目标物地理坐标之间的数学模型,从而实现不同坐标系统中像元位置的变换。

3. 图像增强

为使遥感图像所包含的地物信息可读性更强,感兴趣目标更突出,需要对遥感图像进行增强处理。图像增强是通过一定手段对原图像进行变换或附加一些信息,有选择地突出图像中感兴趣的特征或者抑制图像中某些不需要的特征,使图像与视觉响应特性相匹配,从而加强图像判读和识别效果,以满足某些特殊分析的需要。图像增强的主要手段包括改变图像的灰度等级以提高图像对比度,消除边缘和噪声以平滑图像,突出边缘或线状地物以锐化图像,合成彩色图像等。

4. 图像镶嵌和裁剪

图像镶嵌也叫图像拼接,是将两幅或多幅数字影像(它们有可能是在不同的摄影条件下获取的)拼接在一起形成一幅覆盖较大区域的图像的过程。用于镶嵌的两幅或多幅遥感影像宜选择相同或相近的成像时间,使得图像的色调尽量保持一致。当接边色调相差太大时,可以利用直方图均衡、色彩平滑等使得接边尽量一致。需要注意的是用于变化信息提取时,相邻影像的色调不允许平滑,避免信息变异。另外,在日常遥感应用中,常常只对遥感影像中的一个特定的范围内的信息感兴趣,这就需要将遥感影像裁剪成研究范围的大小。而图像裁剪是指根据特定的边界或区域,将图像中不感兴趣或不需要的区域进行去除,得到所需区域的图像。

六、遥感图像判读能力

判读,也称为解译,是指利用图像的波谱特征、空间特征(如形状、大小、阴影、纹理、图形、位置和布局等)和成像机制,结合多种非遥感信息资料(如地形图、各种专题图)对遥感图像进行综合分析、比较、推理和判断,从而提取出所感兴趣的地表信息。遥感图像中目标地物的特征是地物电磁波的辐射差异在遥感图像上的反映。因而,可以依据遥感图像上目标地物的特征来识别地物的类型、性质、空间位置、形状、大小等地物属性。遥感图像判读可分为目视判读和计算机判读。前者是用人工的方法判读遥感影像,达到信息提取的目的,也叫人工解译。后者是利用计算机,通过一定的数字方法(如统计学、图形学、模糊数学等)来提取有用信息,也称自动解译,包括监督分类、非监督分类、模式识别、神经网络分类、分形分类、模糊分类、人工智能等技术方法。遥感图像判读的常用方法主要包括直接判读法和间接判读法两种。譬如,判读时可以根据图像的色调、颜色、大小、形状、阴影、纹理、图案等解译标志直接确定目标地物的属性与范围。另外,通过对不同时相、不同波段遥感影像、不同地物之间的相互比较,借助对比分析法可以间接地识别目标地物属性。

第三节　常用的地理信息技术实践软件

2

一、ArcGIS

ArcGIS 是美国环境系统研究所（Environmental Systems Research Institute, ESRI）开发的新一代软件，是世界上应用最广泛的 GIS 软件之一。作为世界领先的地理信息系统（GIS）构建和应用平台，ArcGIS 是一个全面的、完善的、可伸缩的 GIS 软件平台，用户可用其来收集、组织、管理、分析、交流和发布地理信息。ArcGIS 不但支持桌面环境，还支持移动平台、Web 平台、企业级环境，以及云计算架构，无论是在桌面端、服务器端、互联网还是野外操作，都可以通过 ArcGIS 构建地理信息系统。

ArcGIS 桌面版（ArcGIS for Desktop）是 ArcGIS 产品家族中的桌面端软件产品，是对地理信息进行编辑、创建以及分析的专业 GIS 软件，提供了一系列的工具用于数据采集和管理、可视化、空间建模和分析以及高级制图。ArcGIS 桌面版不仅支持单用户和多用户的编辑，还可以进行复杂的自动化工作流程。ArcGIS 桌面版是为 GIS 专业人士提供的用于信息制作和使用的工具，可以实现大部分从简单到复杂的 GIS 任务。

二、MapGIS

MapGIS 是由武汉中地数码科技有限公司研制的具有自主版权的大型基础地理信息系统软件平台。MapGIS 平台产品包括桌面 GIS、服务器 GIS、云 GIS、移动 GIS 和开发工具等。MapGIS 是在地图编辑出版系统的 Map CAD 基础上发展起来的，可对空间数据进行采集、存储、检索、分析和图形表示。MapGIS 包括了 Map CAD 的全部基本制图功能，可以制作具有出版精度的十分复杂的专业地图。同时，它能对地形数据与各种专业化数据进行一体化管理和空间分析查询，从而为多源地学信息的综合分析提供一体化的平台。

三、QGIS

QGIS（Quantum GIS）是基于跨平台的图形工具 Qt 软件包，它是采用 C++ 语言开发的一个用户界面友好、跨平台的桌面地理信息系统。与 ArcGIS 和 MapGIS 相比，QGIS 属于开源软件。QGIS 源码采用 GNU General Public License 协议对外发布，可运行在 Linux、Unix、Mac OS 和 Windows 等平台之上，向用户提供数据的显示、编辑和分析等功能。相比于商业 GIS 软件，QGIS 的文件体积更小，需要的内存硬件处理能力也更低，是一款轻量化的桌面 GIS 软件。

2

四、ENVI

ENVI（The Environment for Visualizing Images）是美国 Exelis Visual Information Solutions 公司的旗舰产品。它是由遥感领域的科学家采用交互式数据语言 IDL（Interactive Data Language）开发的一套功能强大的遥感图像处理软件。ENVI 是一个完整的遥感图像处理平台，覆盖了遥感图像的输入/输出、辐射定标、图像增强、几何纠正、正射校正、影像镶嵌、数据融合以及各种变换、信息提取、图像分类、基于知识的决策树分类等多种功能。目前，大量的影像分析师和科研工作者使用 ENVI 从遥感影像中提取信息。ENVI 已经广泛应用于科研、教育、环境保护、气象、农业、林业、医学、地球科学、遥感工程和城市与区域规划等领域。

五、ERDAS IMAGINE

ERDAS IMAGINE 是美国 ERDAS 公司开发的一款遥感图像处理系统软件。ERDAS IMAGINE 提供了大量的遥感数字处理工具，支持对各种遥感数据源，包括全色、多光谱、高光谱、雷达、激光雷达等影像的处理。ERDAS IMAGINE 通过将遥感、遥感应用、图像处理、摄影测量、雷达数据处理、地理信息系统和三维可视化等技术结合在一个系统中，为遥感及相关应用领域的用户提供了内容丰富而功能强大的图像处理工具。ERDAS IMAGINE 以模块化的方式提供给用户，可使用户根据自己的应用需求合理地选择不同功能模块及其不同组合，对系统进行定制，充分利用软硬件资源，并最大限度地满足用户的专业应用需求。

上篇
地理信息系统技术

第三章
ArcGIS 基础

扫码查看
本章资源

第一节　ArcMap 窗口组成

　　ArcMap 10. x 及以上版本通常都支持多语言界面，包括中文和英文。通常，使用 ArcMap 前可以根据个人偏好修改软件语言设置。以 ArcMap10. 8 为例，单击开始菜单，依次打开【ArcGIS】→【ArcGIS Administrator】（图 3 - 1（a）），单击【Advanced ...】（高级设置……）→【Display Language】（显示语言），设置软件显示语言为中文或英文（图 3 - 1（b））。ArcMap 的图形用户界面（GUI）主要由主菜单栏、标准工具条、内容列表、显示窗口和状态条五部分组成。

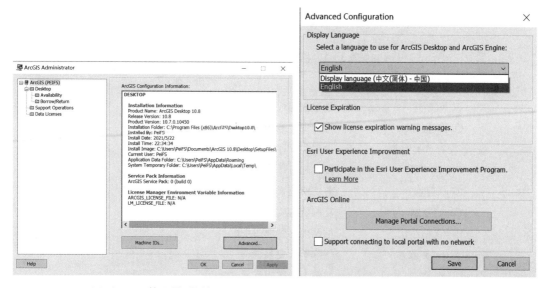

(a) ArcGIS 管理器对话框　　　　　　　　　　(b) 语言设置对话框

图 3 - 1　软件语言环境配置

一、主菜单

　　ArcMap 主菜单是用户与软件交互的重要界面，主要包括 File（文件）、Edit（编辑)、View(视图)、Bookmarks(书签)、Insert(插入)、Selection(选择)、Geoprocessing（地理处理)、Customize(自定义)、Windows(窗口)和 Help(帮助)等子菜单(图3－2)。此外，主菜单提供了标准分层菜单以访问 ArcMap 的功能。同时，在主菜单中，可以选择需要使用的快捷功能菜单。

图 3－2　主菜单

二、常用工具条

工具条是按照一定功能逻辑划分的一组功能按钮的组合，在工具条空白处单击鼠标右键可选择需要使用的工具条。

1. 标准工具条(Standard)

标准工具条包含 ArcGIS Desktop 软件的基础工具，如针对 MXD 文档的一些常用功能以及常用窗口快捷方式等(图 3－3)。ArcMap 打开后默认打开标准工具条，通常位于顶部菜单栏的下方，各工具的功能如表 3－1 所示。

图 3－3　标准工具条

表 3－1　标准工具条名称及功能

工具名称	功　能
New(新建)	创建新的地图文档。
Open(打开)	打开现有地图文档。
Save(保存或另存为)	设置和保存当前地图文档。
Print(打印)	设置和打印当前地图文档。
Cut(剪切)	剪切所选要素。
Copy(复制)	复制所选要素。
Paste(粘贴)	粘贴内容到地图中。
Delete(删除)	删除所选要素。
Undo(撤销)	撤销上一次操作。
Redo(恢复)	恢复上一次撤销的操作。
Add Data(加载数据)	将新数据添加到地图的活动数据框中。
Map Scale(地图比例)	显示和设置地图比例。
Editor Toolbar(编辑器工具条)	打开编辑器工作条以编辑地图数据。
Table Of Contents(内容列表)	打开"内容列表"窗口，以处理地图内容。

（续表）

工具名称	功　能
Catalog（目录）	打开"目录"窗口以访问并管理数据。
Search（搜索）	打开"搜索"窗口，以搜索数据、地图和工具等。
ArcToolbox	打开"Arc Toolbox"窗口，以访问地理处理工具和工具箱。
Python	打开"Python"窗口以执行地理处理命令和脚本。
Model Builder（模型构建器）	打开"模型构建器"窗口。

3

2. 地图浏览工具条（Tools）

地图浏览工具条是 ArcMap 中常用的工具条，它提供了一系列的工具和功能，使用户能够方便地浏览和操作地图（图 3 - 4），各工具的功能如表 3 - 2 所示。

图 3 - 4　地图浏览工具栏

表 3 - 2　地图浏览工具条工具名称及功能

工具名称	功　能
Zoom In（放大）	拉框放大，放大选择区域到当前视图范围。
Zoom Out（缩小）	拉框缩小，按照选择区域与当前视图框比例，居中缩小所选范围。
Pan（平移）	通过拖动来平移地图，单击可重新定位地图，双击该按钮可重新定位和放大地图。
Full Extent（全图显示）	当前视图显示全图范围，默认情况下显示活动数据框中所有数据的范围。
Fixed Zoom In（固定比例放大）	根据地图的比例尺来缩放地图视图。
Fixed Zoom Out（固定比例缩小）	根据地图的比例尺来缩小地图视图。
Go Back To Previous Extent（上一视图）	返回到前一视图。
Go To Next Extent（下一视图）	前进到下一视图。
Select Features（选择要素）	通过在上方单击或拖拽方框的方式从图层中选择要素。
Clear Selected Features（清除所选要素）	取消选择当前在所有图层中选择的要素。
Select Elements（选择元素）	选择、调整和移动放置在地图上的文本、图形和其他元素。

工具名称	功　能
Identify（识别）	通过单击或拖框来识别地理要素。
Hyperlink（超链接）	通过单击要素启动至网站、文档或脚本的超链接。
HTML Popup（HTML 弹出窗口）	单击要素以启动 HTML 弹出窗口。
Measure（测量）	测量地图上的距离和面积。
Find（查找）	查找图形要素、地点和地址。
Find Route（查找路径）	查找指定的停靠点之间的路径。
Go To XY（转到 XY）	输入 XY 位置进行查找。
Time Slider（时间滑块）	打开"时间滑块"窗口来控制此地图中的数据代表的时间段。
Create Viewer Window（创建视图窗口）	通过拖拽出一个矩形创建新的视图窗口。

3. 编辑器工具条（Editor）

编辑器工具条是 ArcMap 中常用的工具条之一，利用该工具条中的工具可以对矢量要素进行编辑操作（图 3-5），各工具的功能如表 3-3 所示：

图 3-5　编辑工具条

表 3-3　编辑工具条

工具名称	功　能
Editor（编辑器）	下拉菜单包含开始编辑、停止编辑、保存编辑内容等。
Editor Tool（编辑工具）	主要用于选择要素，可鼠标左键单击选择 1 个要素、按住鼠标左键框选多个要素。
Edit Annotation Tool（编辑注记工具）	编辑注记要素图层，可以移动注记、旋转注记。
Straight Segment（创建要素：直线段）	目标图层为线性要素图层，本工具创建添加直线段。
End Point Arc Segment（创建要素：端点弧线）	定义起点和终点，创建添加端点弧线。
Trace（追踪工具）	追踪已有要素及创建线段（Segment）。
Point（创建要素：点）	目标图层为点状要素层，添加点要素。
Edit Vertices（编辑折点）	查看、选择及修改组成可编辑要素形状的折点和线段。
Reshape Feature Tool（整形要素工具）	通过在选定要素上构造草图，整形线或面。

（续表）

工具名称	功　能
Cut Polygons Tool（分割面工具）	根据绘制的线，分割一个或多个选定的面。
Split Tool（分割线工具）	在单击位置将选定的线要素分割为两个要素。
Rotate（旋转工具）	交互式或按角度测量值旋转所选中的要素。
Attributes（属性）	打开属性窗口以修改所编辑图层中选定的属性值。
Sketch Properties（草图属性）	打开编辑草图属性窗口，以便查看和修改组成要素的草图几何属性。
Create Features（创建要素）	打开创建要素窗口，再选择目标图层，之后创建要素。

3

ArcMap 工具条提供了对菜单中大多数功能的访问，以及与地图交互的附加工具。每个工具都有可用的弹出式帮助。用户将鼠标悬停在工具项上时，将显示该工具用途的简短说明。另外，通过【Customize】（自定义）菜单中的【Toolbars】（工具栏）子菜单，可以控制多个工具条是否在主界面上展示（图 3 - 6）。

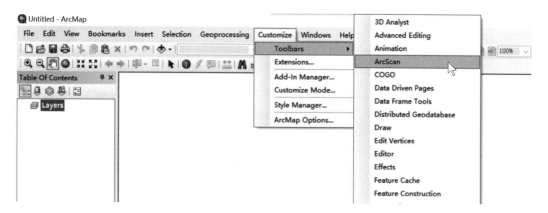

图 3 - 6　工具条显示设置

三、内容列表窗口（Table Of Contents）

内容列表窗口用于显示地图所包含的数据框、数据层、地理要素及其显示状态，可以控制数据框、数据层的显示与否，也可以设置地理要素的表示方法。此外，一个地图文档至少包含一个数据框，每个数据框由若干数据层组成，每个数据层前面的方框用于控制数据层在地图中显示与否。

内容列表窗口提供 4 种列表方式：（1）按绘制顺序列出；（2）按源列出，除显示地理要素外，还说明数据的存储位置和组织方式；（3）按可见性列出，可用于对具有大量图层的复杂地图进行简化显示；（4）按选择要素列出，可用于控制数据层的选择与否。内容列表选项用来管理图层的显示属性，可修改要素显示的样式，见图 3 - 7。

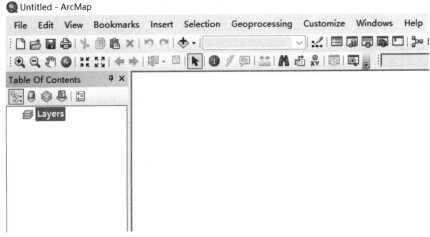

图 3-7 内容列表窗口

四、地图显示窗口

地图显示窗口用于显示地图包括的所有地理要素,它提供了数据视图(图3-8(a))和布局视图(图3-8(b))两种方式来显示地图。用户可以通过地图显示窗口中的数据视图和布局视图开关来切换,也可以通过【View】(视图)菜单下的【Data View】(数据视图)子菜单和【Layout View】(布局视图)子菜单来切换。数据视图中,用户可以对地图图层进行符号化显示,以及对数据进行查询、检索、编辑和分析等GIS数据集操作,不包括对地图辅助要素的处理;布局视图可以设置地图制图版面,对地图辅助要素如比例尺、图例、指北针等进行处理。

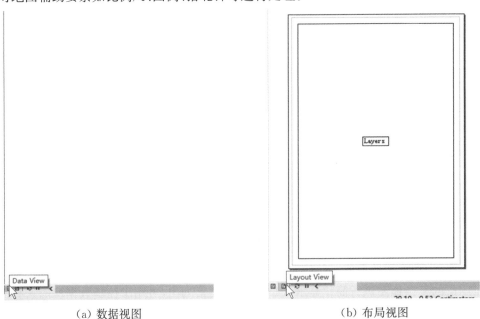

（a）数据视图   （b）布局视图

图 3-8 地图显示窗口

五、工具箱显示区

ArcToolbox 由多个工具箱构成,分别完成不同类型的任务(图3-9)。每个工具箱包含不同级别的工具集,工具集中又包括若干工具。按照 ArcToolbox 中各工具箱的排列顺序,依次介绍其主要功能如下,表3-4。

图 3 - 9　ArcToolbox 工具箱

表 3 - 4　ArcToolbox 工具箱及其功能

工具箱名称	功　能
3D Analyst Tools（3D 分析工具）	使用 3D 分析工具可以创建和修改 TIN 或栅格表面,如栅格插值、栅格重分类等,从中抽象出相关信息和属性。
Analysis Tools(分析工具)	对于所有类型的矢量数据,分析工具提供了一整套的处理方法。主要包括联合、裁剪、相交、判别、拆分、缓冲区、近邻、点距离、频度、加和统计等。
Cartography Tools（制图工具）	制图工具与 ArcGIS 中其他大多数工具有着明显的目的性差异,它是根据特定的制图标准来设计的,包含了注记工具、掩膜工具、制图综合等。
Conversion Tools（转换工具）	包含了一系列不同数据格式的转换工具,如栅格数据、Shapefiles、Coverage、Table、dBase,以及 CAD 到地理数据库的转换等。
Data Interoperability Tools（数据互操作工具）	包含一组使用安全软件的 FME 技术转换多种数据格式的工具,如 Quick Export 和 Quick Import。
Data Management Tools（数据管理工具）	提供了一组丰富多样的工具,用于对要素类、数据集、图层和栅格数据结构进行开发、管理和维护,如关系表、图表等。
Editing Tools(编辑工具)	编辑要素类中的所有(或所选)要素。编辑工具提供了一组丰富的功能,包括增密、擦除等,可快速解决这些类型的数据质量问题。

（续表）

工具箱名称	功　能
Geocoding Tools（地理编码工具）	建立地理位置坐标与给定地址一致性，包括反向地理编码、标准化地址等工具。
Geostatistical Analyst Tools（地统计分析工具）	可以创建一个连续表面或者地图，包含插值分析、采样网络分析等，用于可视化及分析。
Linear Referencing Tools（线性参考工具）	生成和维护线状地理要素的相关关系，包含校准路径、创建路径、融合路径事件等。
Multidimension Tools（多维工具）	包含处理多维数据的工具，如按维度选择、栅格转 NetCDF、创建 NetCDF 要素图层等。
Network Analyst Tools（网络分析工具）	包含执行网络分析和网络数据集维护的工具，如网络数据集、服务器等。
Parcel Fabric Tools（宗地结构工具）	包含一组用于处理宗地结构内部要素类和表的工具，如图层和表视图、宗地要素、数据迁移。
Schematics Tools（逻辑示意图工具）	包含用来执行最基本的逻辑示意图操作的工具，如创建逻辑示意图、更新逻辑示意图等。
Server Tools（服务器工具）	包含用于管理 ArcGIS Server 地图和 Globe 缓存的工具，如发布、打印、数据提取等。
Spatial Analyst Tools（空间分析工具）	提供大量工具来实现基于栅格的分析，如区域分析、密度分析、叠置分析等。
Spatial Statistics Tools（空间统计工具）	包含诊断地理要素分布状态的一系列统计工具，如聚类分布制图、空间关系建模等。
Tracking Analyst Tools（追踪分析工具）	包含用于准备供 ArcGIS Tracking Analyst Extension 使用的时态数据及分析时态数据的工具，如创建追踪图层等。

六、快捷菜单

在 ArcMap 窗口的不同部位单击右键，会弹出不同的快捷菜单。经常调用的快捷菜单主要有四种：

其一，数据框操作快捷菜单。在内容表的当前数据框（Data Frame）上单击右键，或将鼠标放在数据视图中单击右键，可打开数据框操作快捷菜单，用于对数据框及其包含的数据层进行操作。

其二，数据层操作快捷菜单。在内容列表（Table Of Contents）中的任意数据层上单击右键，可打开数据层操作快捷菜单，用于对数据层及要素属性进行各种操作。

其三，地图输出操作快捷菜单。在布局视图（Layout）中单击右键，可打开地图输出操作快捷菜单，用于设置输出地图的图面内容、图面尺寸和图面整饰等。

其四，窗口工具设置快捷菜单。将鼠标放在 ArcMap 窗口中的主菜单、工具栏等

空白处单击右键,可以打开窗口工具设置快捷菜单。它用于设置主菜单、标准工具、数据显示工具、绘图工具、编辑工具、标注工具及空间分析工具等在 ArcMap 窗口的显示与否。

第二节　ArcMap 可视化与制图

一、地图视图

ArcMap 提供了两种地图视图:数据视图和布局视图。布局视图中,用户可以通过单击主菜单中的【Insert】(插入)菜单插入地图的图名、图例、比例尺、指北针、图片、图廓线等地图辅助要素,借助布局(Layout)工具条中的相关工具执行各种地图制图元素的放大、缩小、平移等操作(图 3-10),实现地图整饰及输出一幅地图。

图 3-10　布局工具条

二、专题图制作

(一) 类别制图

类别描述一组具有相同属性值的要素。ArcMap 中可以指定不同的符号来表示由唯一属性值定义的各个类别。另外,ArcMap 提供了"唯一值""唯一值、多个字段""与样式中的符号匹配"等多种类别制图选项。本节以唯一值制图(Unique values)为例介绍如下:

1. 加载数据

打开 ArcMap,单击【Standard】(标准)工具条中的【Add data】(添加数据)工具(图 3-11),定位到数据文件存放文件夹,加载矢量格式数据"江苏市域. shp";

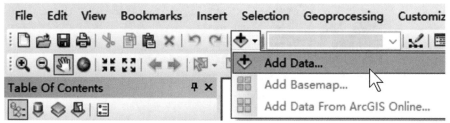

图 3-11　加载数据

2. 切换布局视图

默认状态下 ArcMap 打开数据视图,通过左下角【Layout View】按钮将数据视图切换为布局视图。

3. 唯一值制图设置

在内容列表(Table Of Contents)窗口右键单击"江苏市域",选择【Properties】(属性)(图 3-12),打开【Layer Properties】(图层属性)对话框;点击【Symbology】选项卡,左侧选择【Categories】(类别)→【Unique values】(唯一值)制图方式,右侧的【Value Field】(值字段)选择"市"字段,单击【Add All Values】(添加所有值),如图 3-13 所示:

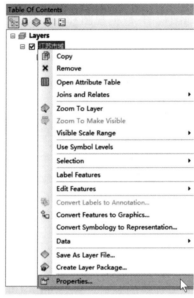

图 3-12　图层属性设置

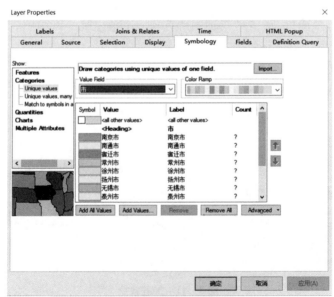

图 3-13　唯一值制图设置

4. 页面和打印设置

在布局视图中单击右键,选择【Page and Print Setup】(页面和打印设置),在弹出的【Page and Print Setup】窗口中进行需要的页面设置(图 3 - 14)。

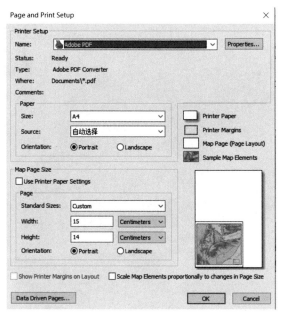

图 3 - 14　页面和打印设置

5. 添加地图制图元素

单击主菜单栏,单击选择【Insert】(插入),设置添加图例、比例尺、指北针等制图元素(图 3 - 15)。

图 3 - 15　插入地图制图元素

6. 导出地图

点击【File】（文件）→【Export Map】（导出地图），根据需求设置输出图像的分辨率、颜色相关参数，进行相应的输出设置，制图结果如图 3－16 所示。

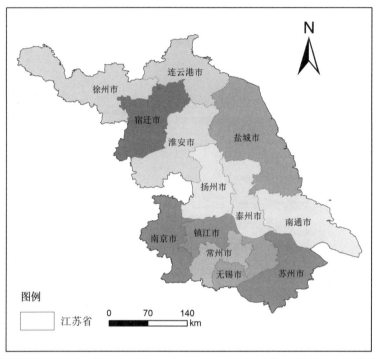

注：基于自然资源部标准地图服务网站 GS〔2019〕1822 号的标准地图制作，底图边界无修改。

图 3－16　江苏市域分布图

（二）图表制图

通常，当图层中含有大量需要比较的相关数值属性时，建议借助 ArcMap 绘制包含图表的图层来实现对比和可视化。譬如，若要展现各个部分与整体之间的关系，可使用饼图。图表地图可在一幅地图中对多个属性进行符号化，也可在不同属性之间传递关系。以下以饼图为例说明其操作步骤如下：

第一，打开 ArcMap，单击标准工具条【Standard】（标准）中的【Add data】（添加数据）工具，加载数据"江苏市域. shp"。

第二，在内容列表窗口中右键单击"江苏市域"选择【Properties】（属性），在弹出的【Layer Properties】（图层属性）对话框中选择【Symbology】（符号化）（图 3－17），图表类型选择饼图，右侧属性栏选择相关属性并添加至指定属性栏内，【Color Scheme】（颜色方案）选择相应的颜色方案。

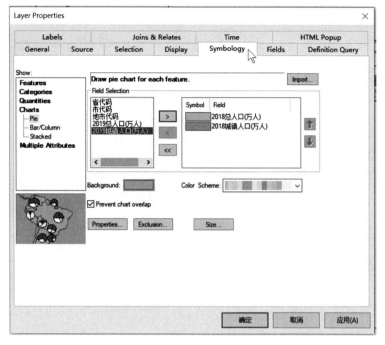

图 3－17 Symbology 选项卡窗口

第三，点击【Properties】（属性），弹出【Chart Symbol Editor】（图表符号编辑器）对话框，对饼图的轮廓、方向、3D 显示等进行相应的设置；点击【Size】（大小），弹出【Pie Chart Size】（饼图大小）对话框，可以对圆饼尺寸的数据来源进行设置（图 3－18）。

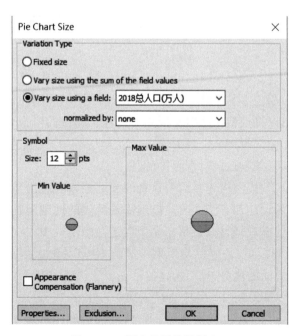

图 3－18 图表符号编辑器窗口

第四,制图结果如图 3-19。

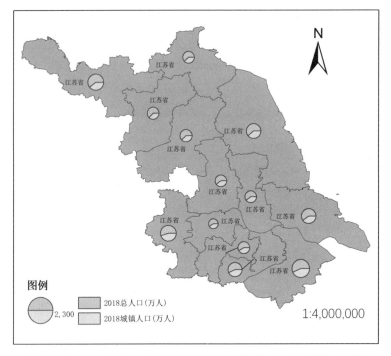

注:基于自然资源部标准地图服务网站 GS〔2019〕1822 号的标准地图制作,底图边界无修改。

图 3-19　江苏人口数量专题图(2018 年)

第三节　ArcGIS 模型构建器

　　ArcGIS 模型构建器(Model Builder)中,模型(Model)是一系列地理处理工具串联在一起的工作流,而模型构建器(Model Builder)是一个用来创建、编辑和管理模型的应用程序,也可以将模型构建器看成用于构建工作流的可视化编程语言。实际运用时,模型构建器内部每一个工具的输出参数成为另一个工具输入参数,起始或者过程中的输入参数又可以通过迭代器进行批量操作。

　　总体来说,ArcGIS 模型构建器运用直观的图形语言表达出建模过程,从而简化复杂空间处理模型的设计和实施。通过梳理需要解决的地理问题和形成解决思路,用户以可视化编程的方式将思路绘制在模型构建器的模板中,从而直观地设计和实施定制化的地理处理模型,还可以将模型存储到 ArcToolbox 中实现多用户共享使用。由于前述多个方面的优势,模型构建器已在多个领域中得到了广泛应用。

　　ArcMap 或 ArcCatalog 中,用户通过依次单击主菜单上的【Geoprocessing】(地理处理)→【ModelBuilder】(模型构建器)命令,或通过利用标准工具条【Standard】,单击【ModelBuilder】按钮来启动模型构建器(图 3-20)。

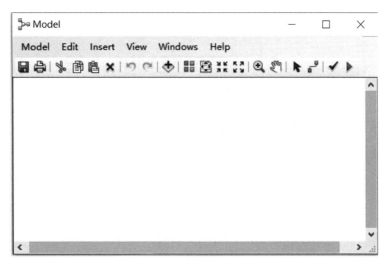

图 3-20 模型构建器窗口

ArcMap 模型构建器界面结构简单,其中包含主菜单、工具条、画布及快捷菜单等(图 3-20)。右键单击会弹出整个模型或单个模型元素的快捷菜单(图 3-21(a)和图 3-21(b))。

(a) 画布快捷菜单

(b) 模型元素快捷菜单

图 3-21 模型构建器快捷菜单项

一、ArcMap 模型构建器界面菜单

ArcMap 模型构建器主菜单由六个菜单项组成,分别是 Model(模型)、Edit(编辑)、Insert(插入)、View(视图)、Windows(窗口)和 Help(帮助)。通过这些菜单的

相互配合用户可以设计和构建模型。相关的菜单命令及其包含子菜单功能如表3-5所示。

表 3-5　模型构建器菜单及功能

菜单名称	功　能
Model(模型)	包含运行、验证、查看消息、保存、打印、输入、输出和关闭模型等选项。还可以使用此菜单删除中间数据和设置模型属性。
Edit(编辑)	剪切、复制、粘贴、删除和选择模型元素。
Insert(插入)	添加数据或工具、创建变量、创建标注及添加仅模型工具和迭代器。
View(视图)	包含自动布局选项,此选项可将图属性对话框中指定的设置应用于模型,另外还包含缩放选项。
Windows(窗口)	打开总览窗口,显示放大部分区域时整个模型的外观。
Help(帮助)	访问 ArcGIS Desktop 帮助文档及软件信息。

二、ArcGIS 模型构建器使用的主要步骤

1. 创建模型

打开 ArcMap 或 ArcCatalog,依次单击主菜单【Geoprocessing】(地理处理)→【ModelBuilder】(模型构建器)命令,或在标准工具条【Standard】中单击【ModelBuilder】(模型构建器),弹出【Model】(模型)窗口,用于创建和编辑模型。

2. 添加数据和工具

用户可以根据自己的需求,添加模型所需的初始数据,并从工具箱中选择合适的工具,将其拖放到模型构建器的主窗口中。

3. 连接数据和工具

通过连接工具,将数据和工具连接到相应的工作流中,形成一个完整的分析流程。需要注意的是,工具之间的连接应该符合数据的逻辑流程。

4. 设置工具参数

通过双击工具,弹出工具设置对话框,根据具体的分析需求设置工具的输入和输出参数,包括文件路径、数据名称、处理方法等。

5. 运行模型

完成工具参数的设置后,用户可以运行模型。在模型构建器窗口中,点击工具条上的【Run】(运行)按钮,ArcGIS 会按照模型的流程依次执行各个工具和操作。在运行模型的过程中,ArcGIS 会自动处理输入数据,并生成相应的输出结果,用户可以在 ArcGIS 中查看分析输出结果。

6. 保存模型

模型构建完成后,可以将模型保存起来,下次使用时可以直接加载模型。通过在模型构建器窗口中,点击工具条上的"保存"(Save)按钮,设置保存模型的位置和名称。

第四节　模 型 构 建 器 应 用

一、实验目的

利用 ArcGIS 模型构建器构建批量裁剪模型,实现循环读取和裁剪夜间灯光数据,掌握如何通过拖放方法和连接(Connect)工具来设计和构建模型,以及编辑、更新和管理现有的模型,以适应新的需求或数据。以此,培养学生探究和独立解决问题的能力。

二、实验数据和实验步骤

【实验数据】

(1) 1992—2013 年全国夜间灯光数据。

(2) 江苏市域边界数据(江苏市域. shp)。

【实验步骤】

(1) 打开 ArcMap,打开右侧 Catalog 快捷选项卡,定位到目标文件夹位置。右键单击工作文件夹,依次选择【New】(新建)→【Toolbox】(工具箱)(图 3 - 22);在新建的【Toolbox】上右键单击选择【Rename】(重命名),将新建的个人工具箱文件重命名为"遍历裁剪";右键新建的"遍历裁剪"工具箱,选择【New】(新建)→【Model】(模型),弹出 Model 窗口(图 3 - 23)。

图 3 - 22　新建 Toolbox

（2）在 Model 窗口中，依次单击主菜单【Insert】（插入）→【Iterators】（迭代器）→【Rasters】（栅格）命令，添加 Iterate Rasters（迭代栅格）工具到 Model 窗口中（图 3-23），在 Iterate Rasters 菱形框上双击，打开设置窗口，设置"灯光指数数据"文件夹【Workspace or Raster Catalog】（工作空间或栅格目录）作为 Iterate Rasters 工具的默认工作目录（图 3-24），结果如图 3-25 所示。

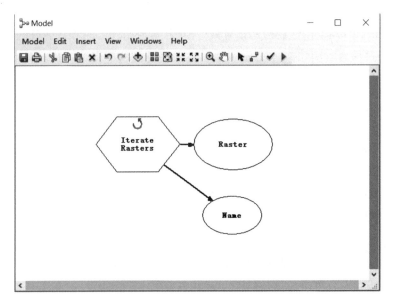

图 3-23　添加 Iterate Rasters 工具

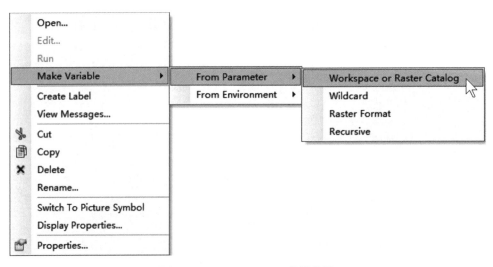

图 3-24　Iterate Rasters 参数设置

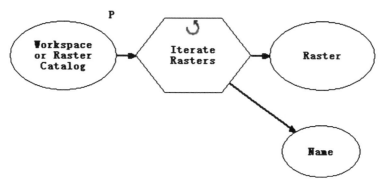

图 3 – 25　Iterate Rasters 参数设置结果

（3）从 ArcCatalog 的 Toolbox 里找到并依次打开【System Toolboxes】（系统工具箱）→【Spatial Analyst】（空间分析器）→【Extraction】（提取）→【Extract by Mask】（按掩膜提取）工具（图 3 – 26），鼠标左键按住不放拖入新建的 Model 窗口中（图 3 – 27）。

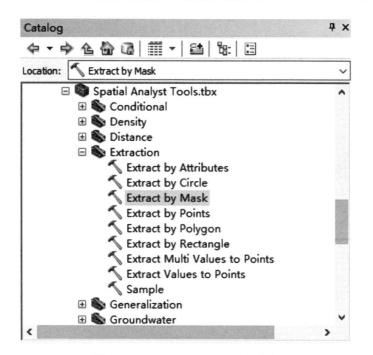

图 3 – 26　Extract by Mask 工具路径

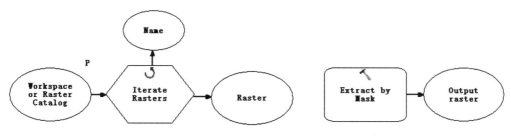

图 3 – 27　Extract by Mask 工具添加结果

（4）单击 ModelBuilder 主窗口工具条中的连接工具【Connect】，将前述 Iterate Rasters 工具的输出结果"Raster"和【Extract by Mask】矩形框（图 3 - 27）连接起来，弹出【Extract by Mask】（按掩膜提取）工具的输入参数对话框，选中【Input raster】（输入栅格）作为工作流中【Iterate Rasters】（迭代栅格）工具的承接参数（图 3 - 28）。

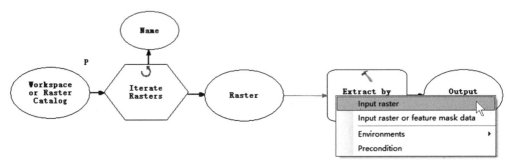

图 3 - 28　不同工具连接结果

（5）在【Extract by Mask】工具的矩形框上右键单击，依次选择【Make Variable】（创建变量）→【From Parameter】（从参数提取）→【Input raster or feature mask data】（输入栅格或要素掩膜数据）（图 3 - 29），Model 窗口中加入要设置的椭圆形框【Input raster or feature mask data】（输入栅格或要素掩膜数据）（图 3 - 30）。

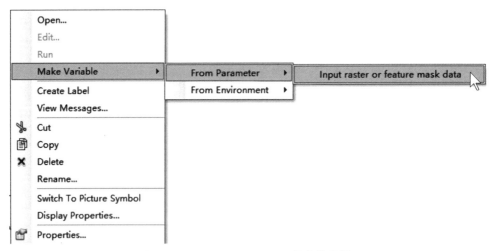

图 3 - 29　Extract by Mask 工具参数设置

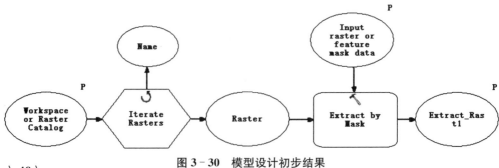

图 3 - 30　模型设计初步结果

（6）在构建的模型（图 3－30）基础上，右键单击各个输入和输出参数，将其设置为 Model Parameter（模型参数）（图 3－31），该操作的各个参数会被用于可视化界面中模型与用户的输入输出交互。为了便于用户识别各个输入输出变量的含义，依次右键单击各个变量，选择【Rename】（重命名），将各个变量分别重命名为"输入栅格数据文件夹位置:""矢量或栅格掩膜数据:"和"文件保存位置:"（图 3－32）。

图 3－31　模型参数标题重命名菜单项

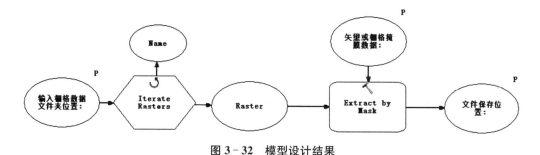

图 3－32　模型设计结果

（7）模型构建完成后，依次单击 Model 窗口中的【Model】（模型）→【Save As …】（另存为……）菜单，或单击工具条中的 Save（保存）工具，将构建的模型保存于前述新建的 Toolbox 中（图 3－33）。

（8）在 ArcCatalog 选项卡中找到前述新建的个人 Toolbox 文件及保存的模型 Model（图 3－33），双击打开模型，弹出模型界面，依次设置"输入栅格数据文件夹位置"、"矢量或栅格掩膜数据"及"文件保存位置"各项参数（图 3－34），依次单击 Model 窗口中的【Model】（模型）→【Run Entire Model】（运行整个模型）菜单和运行模型，输出裁剪的江苏夜间灯光时间序列图像（图 3－35）。

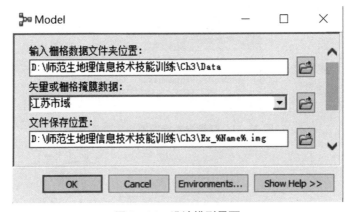

图 3‑33 保存模型文件对话框

图 3‑34 设计模型界面

图 3‑35 江苏夜间灯光图像

第四章
ArcGIS 数据采集

扫码查看
本章资源

第 一 节 GIS 数 据 源

GIS 数据源指建立 GIS 数据库所需的各种数据的来源,主要包括遥感图像数据、地图数据、野外实测数据、空间定位数据、文本资料、统计资料和多媒体数据等。GIS 数据源丰富,类型多种多样。选择数据源时需要综合考虑数据的精度、更新频率、覆盖范围和成本等因素。高效地集成和管理多种数据源是进行 GIS 分析的前提和关键。通常可以根据数据获取方式或数据表现形式进行数据源分类。

一、按数据获取方式分类

1. 遥感数据

遥感数据主要来源于卫星遥感和航空遥感,是通过卫星或航空器等遥感平台搭载的传感器获取的遥感影像数据,它具有多平台、多层面、多种传感器、多时相、多光谱、多角度和多种分辨率的特点,这类数据通常需要通过图像处理软件进行校正和解译才可使用。遥感作为获取和更新空间数据的有力手段,能为 GIS 及时、大范围地提供各种地表观测数据。因而,在处理大范围的资源环境相关问题时,获取遥感数据及用于 GIS 分析显得尤为重要。

2. 地图数据

地图是地理数据的传统描述形式,是具有共同参考坐标系统的点、线、面的二维平面形式的表示。地图数据内容丰富,图上实体间的空间关系直观,而且实体的类别或属性可以用各种不同的符号加以识别和表示。常见的地图数据包括纸质地图和数字地图,如地形图、行政区划图、交通图等。这些数据可以直接用于 GIS 分析,或者通过扫描和数字化将其转换为 GIS 格式以进一步利用。

3. 实地测量数据

实地测量数据主要指通过地面测量技术(如全站仪、GPS 等)直接采集的空间数据。随着测绘仪器的更新和测绘技术、计算机技术的发展,传统的测绘技术方法逐渐被数字测绘技术方法所取代。利用各种测绘技术可直接获得实地测量数据,主要有

GPS 的定位数据、全站仪外业实测数据、全数字摄影测量数据等。这些数据可以产生地形、建筑物、道路等的精确位置和尺寸信息,属于准确性和现实性较强的资料。

4. 统计数据

GIS 统计数据包含人口普查、经济调查、土地利用调查等多种统计信息,通常来源于政府统计部门、国际组织、研究机构以及商业数据提供商。统计数据通常以表格形式提供,还可直接导入 GIS 软件中与地理数据结合使用。GIS 中,统计数据常用于地理现象的量化分析和解释,还可以帮助用户理解地理现象空间分布的模式、趋势和关系,从而支持决策制定、政策评估和科学研究。通常情况下,GIS 统计数据需要通过空间化处理才能在 GIS 中使用。

二、按数据表现形式分类

1. 栅格数据

栅格数据是 GIS 中常用的一种数据模型,它将地理空间分割成有规律的格网,并以规则的格网形式表现空间信息,用于表达连续变化的空间现象。常见的栅格数据包括遥感影像、数字高程模型(DEM)等。每一个栅格单元(像元)的位置由它的行列号定义,各栅格单元的实体位置隐含在栅格行列位置中。栅格数据中,点实体由一个栅格像元来表示;线实体由一定方向上连接成串的相邻栅格像元表示;面实体由具有相同属性的相邻栅格像元的数据块集合来表示。

2. 矢量数据

矢量数据通过点、线、面等几何元素来表示地理特征的位置和形状,适用于表达离散的、具有明确定位和形状的空间实体,如道路、建筑物、森林、河流、行政区划等。相比于栅格数据,矢量数据具有数据量小、精度高、编辑方便等优点。在二维空间中,点实体可以用一对坐标 (x, y) 来表示;线实体由多个坐标串的集合 $(x_1, y_1; x_2, y_2; \cdots; x_n, y_n)$ 来记录;面实体,也称多边形数据,由首尾坐标相同的坐标串的集合 $(x_1, y_1; x_2, y_2; \cdots; x_n, y_n; x_1, y_1)$ 来记录。

3. 属性数据

GIS 中,属性数据是非常关键的一部分。GIS 属性数据通常与矢量数据结构中的点、线、面元素相联系,用来描述地理现象的非空间特征,如人口数量、土地利用类型等。每个地理特征都关联到一个或多个属性。属性数据通常存储在地理数据库中,或以文件形式存储。

4. 元数据

元数据在 GIS 以及其他相关领域的数据管理中扮演着至关重要的角色。元数据是关于数据的数据,包括数据的来源、创建时间、数据质量、使用限制等信息。元数据帮助用户和系统理解数据的结构和用途,这对于数据管理和共享至关重要。元数据是数据管理、数据共享、数据发现和数据维护的基础。因而,元数据在 GIS 中的作用不仅仅体现在描述数据集,更是确保数据的可靠性、可用性和有效性的关键因素。

第二节 ArcGIS数据采集

一、数据采集手段

数据采集就是运用各种技术手段,通过各种渠道收集数据的过程。其中,服务于地理信息系统的数据采集工作主要包括两方面内容:空间数据采集和属性数据采集。空间数据采集方法主要包括:扫描矢量化以获取地图数据,摄影测量、遥感图像处理以获取遥感影像数据,全站仪和GPS测量方法以采集实测数据等;属性数据采集通常是从相关部门的观测、测量数据、各类统计数据、专题调查数据、文献资料数据等渠道获取;其他数据采集方法包括通过数据交换以获取共享数据、多媒体数据,键盘直接录入和获取文本资料数据。通常情况下,数据采集需要采取混搭的思路,得到现有的和不同来源的新数据(图4-1)。

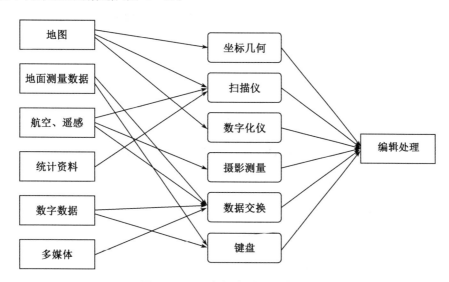

图 4-1 GIS数据类型及采集方法

二、空间数据采集

(一)地理配准(Georeferencing)

通常情况下,扫描图像的坐标是基于扫描仪的坐标,没有地理意义。因此,扫描图像(待数字化的图像)要先进行校正与配准,以确保矢量化工作顺利进行。地理配准是将原来不包含地理坐标信息的扫描地图建立关联控制点,赋予地理坐标信息的过程。地理配准的详细流程介绍如下:

1. 加载数据

打开 ArcMap,加载无坐标的江苏年平均降水量线分布图片(图 4-2)和有坐标的江苏市域边界数据(图 4-3)。

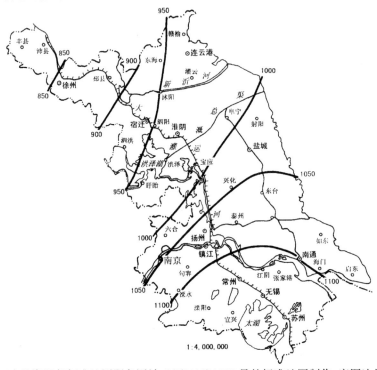

注:基于自然资源部标准地图服务网站 GS〔2019〕1822 号的标准地图制作,底图边界无修改。

图 4-2 无坐标的江苏年平均降水量线分布图

注:基于自然资源部标准地图服务网站 GS〔2019〕1822 号的标准地图制作,底图边界无修改。

图 4-3 有坐标的江苏市域分布图

2. 加载 Georeferencing 工具条

在菜单空白处点击鼠标右键,选择【Georeferencing】(地理配准),调出地理配准工具条。打开 Georeferencing,取消【Auto Adjust】(自动校准)工具前的勾号,选择需要配准的底图(江苏年均降水量线分布图)(图 4 - 4)。

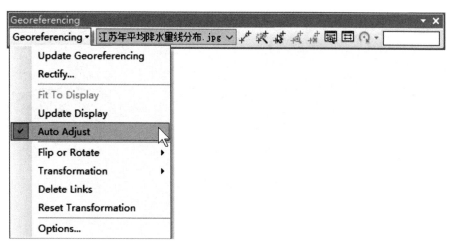

图 4 - 4　关闭"Auto Adjust"命令菜单项及底图选择

3. 添加控制点

① 右键单击左侧 Table Of Contents(内容列表)里的有坐标的"江苏市域"数据,选择【Zoom To Layer】(推近/拉远到图层)。② 打开 Georeferencing(地理配准)工具条上的【Viewer】(视窗)工具并加载无坐标的江苏年均降水量线分布图。③ 调整江苏市域数据和 Viewer 窗口至同一屏幕,利用工具条中的【Add control points】(添加控制点)工具添加控制点。首先,在 Viewer 窗口中的降水量地图上选择一个点(显示绿色十字);其次,选择对应位置的同名位置点(显示红色十字),并尽量准确匹配两个点;再次,参照前面步骤,继续添加别的控制点对(图 4 - 5);最后,使用工具条中的【View Link Table】(查看链接表格)可以查看控制点对,删除错选的、不理想的、残差大的控制点对。

4. 校正

点击【Georeferencing】(地理配准),选择【Rectify】(校正),设置校正后的底图名称和保存位置,完成校正流程,结果如图 4 - 6 所示。

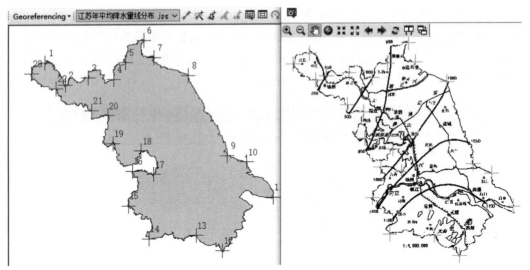

图 4-5　添加控制点

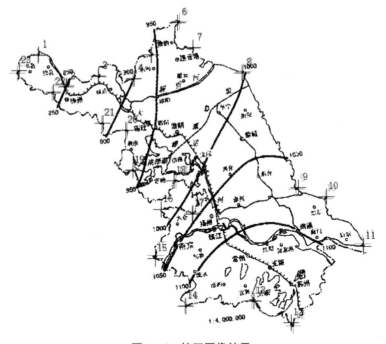

图 4-6　校正图像结果

(二) 数字化

ArcMap 中常用的数据化方法有两种：基于 Editor 模块的数字化和基于 ArcScan 模块的数字化。

1. 基于 ArcScan 模块的数字化

(1) 新建矢量文档。

利用 ArcGIS 的 ArcCatalog 模块新建一个存放线状要素的 Shapefile 数据层(图

4-7），文件命名为"江苏年平均降水量线分布 ArcScan"，设置【Feature Type】（要素类型）为"Polyline"，坐标系统从前述配准用数据"江苏市域. shp"中导入（图 4-8）。

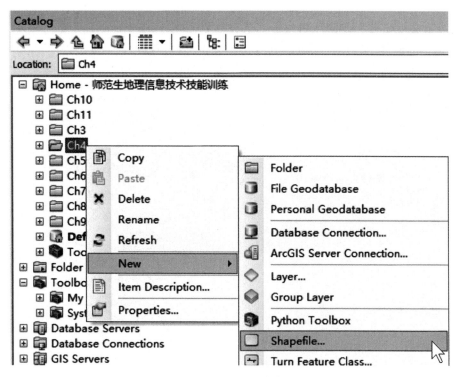

图 4-7 新建矢量数据命令菜单项

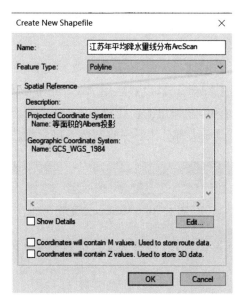

图 4-8 新建线状数据参数设置

（2）利用 ArcScan 工具进行数字化。

① 数据加载。

加载前述新建的 Shapefile 数据"江苏年平均降水量线分布 ArcScan. shp"和将要数字化的江苏年平均降水量线分布底图文件。由于 ArcScan 工具要求输入二值化的栅格图像，本实验进一步加载原多波段彩色栅格数据的单一波段文件"江苏年平均降水量线分布. jpg-Band_1"（图 4-9）：

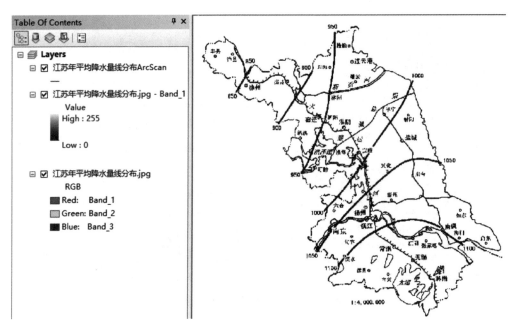

图 4-9　加载数据窗口

② 打开 ArcScan 模块。

在 ArcMap 主菜单栏单击【Customize】（自定义）→【Extensions】（扩展），打开扩展模块对话框，打勾选中【ArcScan】，设置启用 ArcScan 扩展模块。在 ArcMap 窗口工具栏空白处点击鼠标右键，在弹出的快捷菜单下选择【ArcScan】，加载 ArcScan 工具条。此时，ArcScan 工具条大部分工具呈现灰色不可用状态（图 4-10）。

图 4-10　ArcScan 工具条

表 4-1 是 ArcScan 工具条上一些常见工具的名称及其功能介绍。

表 4 - 1　**ArcScan 相关工具名称及功能**

工具名称	功　能
ArcScan Raster Layer (栅格图层)	选择要矢量化的图层。
Raster Snapping Options(栅格捕捉选项)	点击此按钮可以访问栅格捕捉选项对话框,用户可以在这里设置栅格追踪的特定参数,如追踪容差、追踪模式等。
Vectorization(矢量化)	包含矢量化设置、显示预览、生成要素等选项。
Generate Features Inside Area (在区域内部生成要素)	矢量化所定义区域内的要素。
Vectorization Trace (矢量化追踪)	使用矢量化设置(Vectorization Settings)和矢量化选项(Options)对话框中的参数追踪,并矢量化栅格线状要素。
Vectorization Trace Between Points(点间矢量化追踪)	根据两个已知点,使用矢量化设置(Vectorization Settings)和矢量化选项(Options)对话框中的参数追踪,并矢量化栅格线状要素。
Shape Recognition(形状识别)	矢量化栅格形状,例如圆形、正方形。
Raster Cleanup(栅格清理)	包含栅格绘画工具条、保存、填充所选像元等选项。
Cell Selection(像元选择)	包含选择相连像元、清除所选像元等选项。
Select Connected Cells (选择相连像元)	以交互方式选择相连栅格像元以进行矢量化。
Find Connected Cell Area (查找相连像元区域)	显示一条标明当前位置处相连像元总数的消息。
Find Diagonal of the Envelope of Connected Cells(查找相连像元包络矩形的对角线)	显示一条标明从栅格像元范围的一个拐角到另一拐角的对角线像元距离的消息。
Raster Line Width (栅格线宽度)	显示前景栅格线状要素像元宽度的消息。

③ 栅格图像二值化。

依次打开【System Toolboxes】(系统工具箱)→【Spatial Analyst Tools】(空间分析工具)→【Reclass】(重分类)→【Reclassify】(重分类),打开重分类工具,设置输入栅格为单一波段文件"江苏年平均降水量线分布. jpg-Band_1",单击【Classify …】(分类……),设置类别为 2 类,设置文件保存路径后,单击【OK】按钮执行图像二值化,从而将加载的图像分为 2 类(图 4 - 11)。

图 4-11　图像二值化

④ 打开 Editor 编辑工具条,点击【Start Editing】,此时 ArcScan 工具被激活(图4-12)。

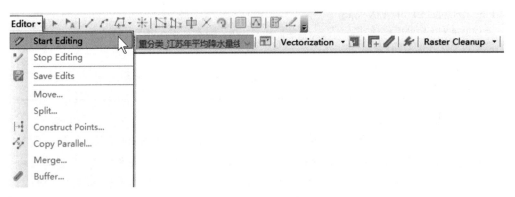

图 4-12　图层编辑

⑤ 为了提高 ArcScan 的数字化质量,依次单击 ArcScan 工具条中的【Raster Cleanup】(栅格清理)菜单→【Start Cleanup】(开始清理),随后利用 ArcScan 工具条中的【Raster Cleanup】、【Cell Selection】(像元选择)等工具清理扫描底图中等值线以外的栅格像元(图4-13),清理后效果如图4-14所示:

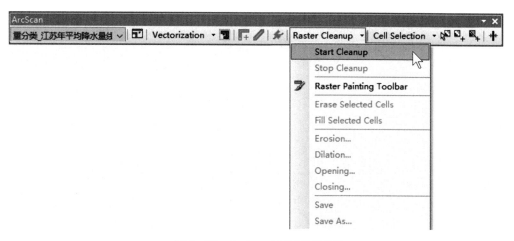

图 4-13 ArcScan 工具激活界面

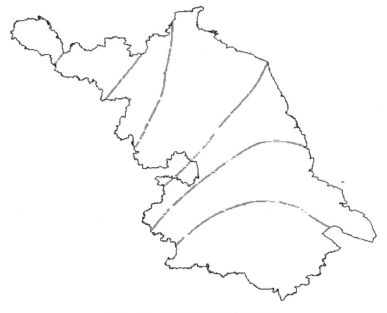

图 4-14 清除多余像元初步结果

⑥ 打开 ArcScan 工具条中的【Raster Cleanup】(栅格清理)菜单,选中【Raster Painting Toolbar】(栅格绘画工具条)(图 4-13),打开栅格绘制工具条,结合工具条上的【Fill】(填充)工具、【Brush】(刷子)工具等进一步填充和处理栅格底图,底图处理结果如图 4-15 所示。

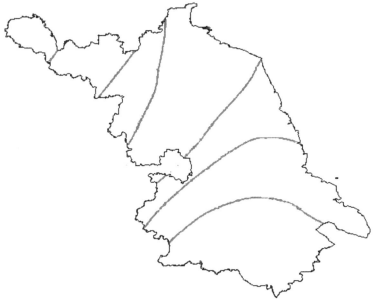

图 4 - 15　填充和连接像元结果

⑦ 单击 ArcScan 工具条【Vectorization】(矢量化)菜单下的【Generate Features】(生成要素)命令自动执行矢量化,矢量化结束后保存编辑内容,停止编辑。矢量化结果如图 4 - 16 中的红色线条所示(彩图可扫章首二维码获取)。

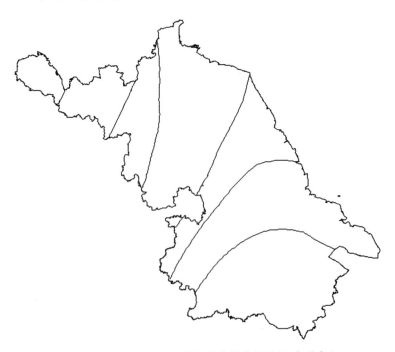

图 4 - 16　基于 ArcScan 的矢量化输出结果(红色线条)

2. 基于 Editor 模块的数字化

（1）新建矢量文档。

利用 ArcGIS 的 ArcCatalog 模块新建一个存放线状要素的 Shapefile 数据层，文件命名为"江苏年平均降水量线分布 Editor"，设置【Feature Type】（要素类型）为 Polyline，坐标系统从前述配准用数据"江苏市域. shp"中导入（图 4 - 17）。

图 4 - 17　新建线状数据参数设置

（2）利用 Editor 工具进行数字化。

① 数据加载。

加载前述新建的 Shapefile 数据"江苏年平均降水量线分布 Editor. shp"和将要数字化的江苏年平均降水量线分布底图文件。

② 开始编辑。

打开 Editor 编辑工具条，点击【Start Editing】（开始编辑），使"江苏年平均降水量线分布 Editor. shp"文件处于编辑状态。

③ 创建要素。

点击 Editor 工具条最右侧的 Create Features（创建要素）按钮，打开 Create Features 窗口，选中"江苏年平均降水量线分布 Editor"，在 Construction Tools（构建工具）下方选择【Line】（线），开始新建线状要素（图 4 - 18）。

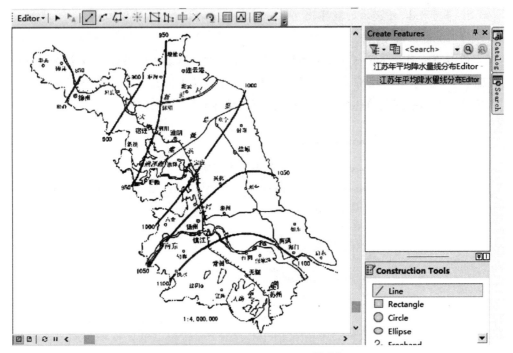

图 4-18　Create Features 工具选择

④ 矢量化。

根据江苏年平均降水量线分布底图，单击 Editor 工具条上的【Straight Segment】（直线段）工具，沿着等降水量线寻找拐点并依次描图。待所有线段描图完成后，右键单击地图，选择【Finish Sketch】（完成草图）（图 4-19）。

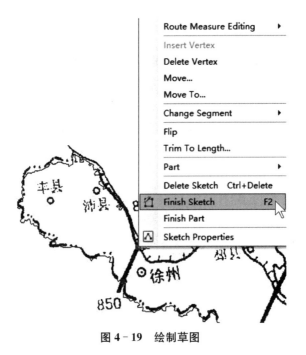

图 4-19　绘制草图

⑤ 保存编辑。

单击 Editor 工具条上的【Editor】(编辑器)菜单,单击【Save Edits】(保存编辑)和【Stop Editing】(停止编辑),保存编辑修改到当前编辑的 Shapefile 数据中。

图 4-20 基于 Editor 的矢量化输出结果(蓝色线条)

(三) 属性数据采集

第一步,在内容列表窗口中右键单击前述的数字化图层"江苏年平均降水量线分布 Editor",单击【Open Attribute Table】(打开属性表),打开前述数字化图形文件的属性表格。单击属性表格左上角的【Table Options】(表格选项)按钮,单击【Add Field ...】(添加字段),打开属性表并弹出"添加字段"对话框(图 4-21)。

第二步,"Add Field"(添加字段)对话框中,设置"Name"(名称)为降水量,"Type"(数据类型)为 Short Integer(短整型),"Field Properties"(字段属性)中的"Precision"(精度)设置为 0,单击【OK】按钮完成设置(图 4-22)。

第三步,打开 Editor 编辑工具条,点击【Start Editing】(开始编辑),使"江苏年平均降水量线分布 Editor.shp"文件处于编辑状态。参照数字化图片源文件"江苏年平均降水量线分布.jpg"中的降水量数值,利用键盘录入各等降水量线的降水量(图 4-23)。录入完成后单击【Editor】菜单→【Save Edits】(保存编辑)→【Stop Editing】(停止编辑),保存修改到当前编辑的 Shapefile 数据中(图 4-20 中的蓝色线条,彩图可扫章首二维码获取)。

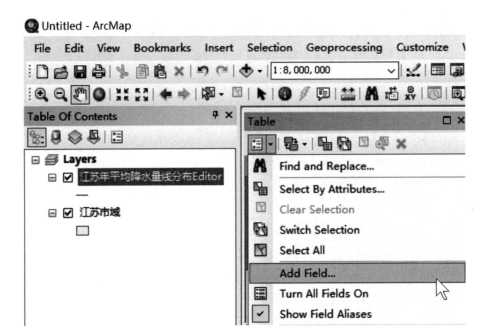

图 4 - 21　添加属性表字段菜单项

图 4 - 22　属性表添加字段参数设置

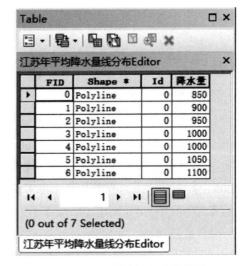

图 4 - 23　属性表添加字段结果

　　第四步,右键单击"江苏年平均降水量线分布 Editor"图层,选择【Properties】(属性),打开【Layer Properties】(图层属性)对话框,点击【Labels】(标注),勾选【Label all the features the same way】(以同样方式标注所有要素),并设置【Label Field】(标注的字段)为"降水量",即图中显示注记字段为"降水量"(图 4 - 24)。

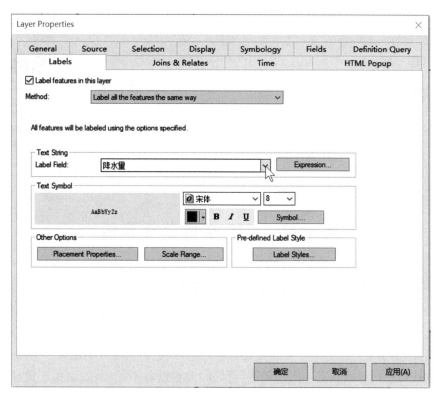

图 4‑24　地图显示字段设置

　　第五步,右键单击"江苏年平均降水量线分布 Editor"图层,选择【Label Features】(标注要素),在地图中显示各降水量线对应的降水量数值,结果如图 4‑25 所示。

图 4‑25　基于 Editor 的地图数字化结果

第五章
ArcGIS 空间分析

扫码查看
本章资源

第一节　GIS 空间分析概述

空间分析是对空间数据分析相关方法的统称。GIS 集成了数学、计算机多个学科的最新技术,包括数据库管理、高效图形算法、网络分析等,这为空间分析提供了强大的工具,使得复杂的空间分析任务变得简单易行。国内外许多学者都对空间分析进行研究,但是对空间分析下定义是比较困难的,目前尚无统一的定义。不同的应用领域往往对空间分析具有不同的理解,它们的侧重点各不相同,或侧重于地理学,或侧重于几何图形分析,或侧重于地学统计与建模,但是都从不同的方面对空间分析的内涵进行了阐释。从地理学角度,GIS 空间分析是在一系列空间算法的支持下,以地学原理为依托,根据地理对象在空间的分布特征,获取地理现象或地理实体的空间位置、空间形态、空间关系、时空演变和空间相互作用等信息。空间分析能力是 GIS 区别于一般信息系统的主要方面,也是评价一个地理信息系统成功与否的一个主要指标。空间分析是 GIS 的核心,在 GIS 中扮演着重要的角色,它能够揭示地理现象之间的空间关系。另外,利用 GIS 空间分析还可以预测空间变化,优化资源配置,以及辅助决策制定,从而提高地理研究和应用的科学性和准确性。常用的 GIS 空间分析包括缓冲区分析、叠置分析、路径分析、空间插值、邻域分析、栅格代数分析等。

地理信息系统中,空间分析的有效性和效率很大程度上依赖于数据结构。GIS 空间分析的具体实现方法通常与表示地理实体的空间数据结构密切相关。地理实体是对复杂的地理事物和现象进行简化抽象得到的结果,也称为空间实体。GIS 中通常使用模型表示地理实体、存储地理实体数据、处理地理实体数据、最终分析地理实体。空间数据模型是为了反映空间实体的某些结构特性和行为功能,以计算机能够接受和处理的数据形式,按一定的方案建立的数据逻辑组织方式,是对现实世界的抽象表达。空间数据结构是指对空间数据逻辑模型描述的数据组织关系和编排方式的具体实现,对地理信息系统中数据存储、查询检索和管理和处理效率有着至关重要的影响,还直接影响到空间分析的可能性和分析性能。空间数据结构是地理信息系统沟通信息的桥梁,只有充分理解地理信息系统所采用的特定数据结构,才能正确有效地使用 GIS。常用的 GIS 数据结构有栅格数据结构和矢量数据结构。目前,大多数地理信息系统平台都支持这两种数据结构。在实际应用过程中,应根据具体的目的,选用不同的数据结构。根据组织地理实体的空间数据结构的不同,GIS 的空间分析方法也会有所差异。

矢量数据分析是在 GIS 中利用矢量数据进行空间分析的方法,它是 GIS 空间分析的核心组成部分,允许用户基于地理对象的位置和形态进行分析和处理。矢量数据通常表示为点、线和多边形,具有精度高、信息量大、易于进行空间分析等特点。常见的矢量数据分析包括空间查询、拓扑分析、缓冲区分析、叠置分析和网络分析等。矢量数据分析通常用于城市规划、交通网络分析、资源管理、环境监测等领域。

栅格数据格式是空间分析中另外一种常用的数据格式。栅格数据具有结构简单、利于计算等优势而广泛运用于 GIS 空间分析。栅格数据的空间分析是 GIS 空间分析的重要组成部分,也是 ArcGIS 空间分析模块的核心内容。相比较于矢量数据空间分析,栅格数据空间分析功能更强大、数据处理能力更强,是空间分析中不可或缺的。栅格数据由于自身数据结构的特点,在空间分析过程中主要使用数字矩阵的方式作为数据分析的基础,处理方法灵活多样,过程相对简单。栅格数据的空间分析主要包括:提取分析、叠置分析、距离分析、密度分析、邻域分析、插值分析、统计分析、表面分析等。

第二节　基于矢量数据的空间分析方法

基于矢量数据的空间分析是 GIS 中的一种常用方法,主要针对地理位置准确,表达形式为点、线和多边形(面)的数据进行分析。矢量数据因其能精确描述空间形状和位置而被广泛应用于多种 GIS 空间分析任务。ArcGIS 中基于矢量数据的空间分析,主要包括缓冲区分析、叠置分析、距离分析、插值分析、网络分析及追踪分析等。

一、缓冲区分析

缓冲区分析是根据数据库的点、线、面实体,自动建立其周围一定宽度范围内的缓冲区多边形实体,从而实现空间数据在水平方向得以扩展的信息分析方法。从空间变换的观点看,矢量缓冲区分析模型就是将点、线、面等地物分布图变换成这些地物的扩展距离图,图上每一点的值代表该点距离最近的某种地物的距离。

根据空间目标的不同,缓冲区可分为点缓冲区、线缓冲区和面缓冲区三大类:

(1) 点缓冲区。

点缓冲区是选择单个点、一组点、一类点状要素或一层点状要素,按照给定的缓冲条件建立的缓冲区结果。如图 5-1,不同的缓冲条件下,单个或多个点状要素建立的缓冲区也不同。

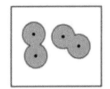

(a) 单点缓冲区　　　　　　(b) 相同距离缓冲区　　　　　　(c) 不同距离缓冲区

图 5-1　点缓冲区类型

（2）线缓冲区。

线缓冲区是选择一类或一组线状要素，按照给定的缓冲条件建立缓冲区结果，如图 5-2 所示。

(a) 单线缓冲区　　　　　　(b) 相同距离缓冲区　　　　　　(c) 不同距离缓冲区

图 5-2　线缓冲区类型

（3）面缓冲区。

面缓冲区是选择一类或一组面状要素，按照给定的缓冲条件建立的缓冲区。面缓冲区存在内缓冲区和外缓冲区之分。外缓冲区是在面状地物的外围形成缓冲区，而内缓冲区则在面状地物的内侧形成缓冲区，同时也可以在面状地物的边界两侧形成缓冲区（图 5-3）。

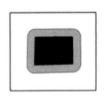  

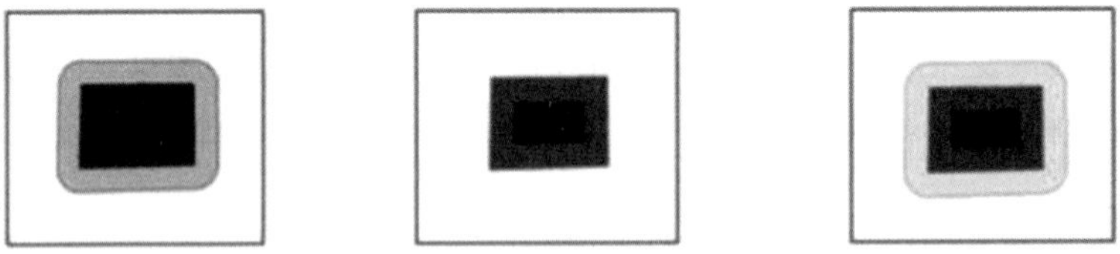

(a) 外缓冲区　　　　　　(b) 内缓冲区　　　　　　(c) 内外距离缓冲区

图 5-3　面缓冲区类型

ArcMap 的缓冲区分析工具位于 ArcToolbox 中【Analysis Tools】（分析工具）下的【Proximity】（邻近分析）工具箱中。

二、叠置分析

矢量数据的叠置分析是在统一空间坐标系统下，将同一地区的两个或两个以上地理要素图层进行叠置，以产生空间区域的多重属性特征或建立空间对应关系的分析方法。

根据空间目标的不同,矢量数据的叠置分析主要分为以下三类:

(1) 点与多边形叠置:指一个点图层与一个多边形图层相叠置,以计算多边形对点的包含关系。有关属性数据,通常将其中一个图层的属性信息注入另一个图层中,然后更新得到新的数据图层,进而通过属性数据直接获得点与多边形叠置所需要的信息(图 5-4)。

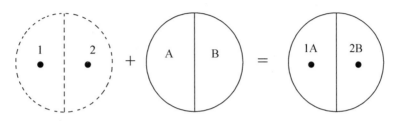

图 5-4 点与多边形叠置原理

(2) 线与多边形叠置:指一个线图层与一个多边形图层相叠置,以判断线与多边形的关系。有关属性数据处理,线与多边形的叠置结果通常是将多边形层的属性注入另一个图层中,然后更新得到新的数据图层,进而通过属性数据直接获得线与多边形叠置所需要的信息(图 5-5)。

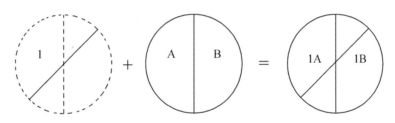

图 5-5 线与多边形叠置原理

(3) 多边形叠置:将两个或多个多边形图层进行叠置,产生一个新的多边形图层。新图层的多边形是原来各图层多边形相交分割的结果,每个多边形的属性含有原图层各个多边形的所有属性数据(图 5-6)。

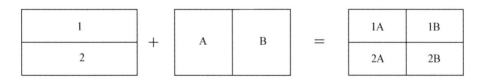

图 5-6 多边形与多边形叠置原理

ArcMap 矢量数据的叠置分析工具位于 ArcToolbox 中【Analysis Tools】(分析工具)下的【Overlay】(叠置分析)工具箱中。

三、插值分析

由于成本的限制、全面测量实施难度大等因素,往往不能对研究区域的每一个位置都进行测量(如高程、气温、降雨量)。GIS插值分析是指根据一定的算法,利用采样点的数值推算出其他未采样区域的数值,以填补数据空白或预测数据变化。插值分析的前提条件是地理现象的分布具有空间相关性。也就是说,彼此接近的对象往往具有相似的特征。插值分析有多种实现方式,包括反距离权重法(IDW)、自然邻域法(Natural Neighbor)、趋势面法(Trend)、样条函数法(Spline)、克里金法(Kriging)等。不同的插值方法各有其优缺点,适用于不同类型的数据和分析需求。插值方法的选择通常取决于数据的分布、所需的精度和最终的应用目的。ArcMap矢量数据的插值分析工具位于 ArcToolbox 中【Spatial Analyst】(空间分析)下的【Interpolation】(内插)工具箱中。

四、密度分析

密度分析是根据测量值及其相对位置空间关系,计算整个区域的数据集分布状况,从而产生一个连续的密度表面。通过计算数据密度分布,将每个采样点的值散布到整个研究区域,并获得输出栅格中每个像元的密度值,得到点要素或线要素较为集中的区域。例如,假设全省每个地级市人口总数已知,通过计算人口密度,可以创建出一个显示全省所有地级市人口预测分布状况的表面。通常密度分析包含点密度分析(Point Density)、线密度分析(Line Density)和核密度分析(Kernel Density)三种。ArcMap 密度分析工具位于 ArcToolbox 中【Spatial Analyst】(空间分析)下的【Density】(密度分析)工具箱中。

第三节 基于栅格数据的空间分析方法

栅格数据的空间分析是 GIS 空间分析的重要组成部分,ArcGIS 中的栅格数据空间分析方法主要包括:提取分析、叠置分析、距离分析、邻域分析、统计分析、表面分析等。

一、提取分析

栅格数据的提取分析是指从一个较大的栅格数据集中提取出感兴趣的数据子集的过程。提取分析对于关注特定地理区域或提取特定类型的数据非常有用,如提取特定高程范围内的区域。栅格数据的提取分析包括两类:① 按属性、形状、空间位置从栅格中提取像元的子集;② 将特定位置的像元值提取到点,并将这些值记录到点要素的属性表中。例如,从一个包含多个土地利用/覆盖类别的栅格图层中提取出所有的水域像元。ArcMap 提取分析工具位于 ArcToolbox 中【Spatial Analyst】(空间分析)下的【Extraction】(提取)工具箱中。

二、叠置分析

栅格数据的叠置分析用于将两个或更多的栅格数据层做叠置运算,以便分析不同栅格图层之间的关系或生成新的栅格数据。栅格数据的叠置可以用于如下运算:① 多个栅格图层数据的算术运算;② 多个栅格图层数据的极值;③ 多个栅格图层数据逻辑条件的组合;④ 其他模型运算结果。在栅格数据内部,叠置运算是通过像元之间的各种运算来实现的。例如,为了评价某一建设项目对周围环境的影响,可以将包含植被、土壤类型、水文和人类活动的栅格图层叠置。通过地图代数运算,可以识别出最敏感的区域,进而采取适当的保护措施。需要注意的是,使用栅格叠置分析时,尽量保证所有参与计算的栅格数据图层具有相同的空间分辨率和对齐方式,以确保分析结果的准确性。ArcMap 叠置分析工具位于 ArcToolbox 中【Spatial Analyst】(空间分析)下的【Overlay】(叠置分析)工具箱中。

三、邻域分析

栅格数据的邻域分析工具基于自身位置值以及指定邻域内识别的值为每个像元位置创建输出值,用于基于周围相邻像元评估一个特定位置的栅格像元的特征信息。通过这种分析,可以计算给定区域内的平均值、总和、最大值、最小值等统计信息,或进行更复杂的空间关系评估。邻域主要分为两类:移动邻域和搜索半径。邻域分析广泛应用于环境科学、城市规划、气象学、地质学等多个领域。ArcMap 邻域分析工具位于 ArcToolbox 中【Spatial Analyst】(空间分析)下的【Neighborhood】(邻域分析)工具箱中。

四、距离分析

栅格数据的距离分析用来计算从一个给定的源点或源区域到所有其他位置的距离。该方法针对每个栅格像元及距离其最邻近像元(源)的空间距离进行分析,从而反映每个像元到邻近像元的空间关系。距离分析不仅考虑栅格表面距离,还会考虑成本等各种耗费因素的影响。例如,利用距离分析来获取离居民区最近的公园、学校或医院的距离。栅格数据距离分析的主要方法包括:欧式距离(Euclidean Distance)、成本距离(Cost Distance)、路径距离(Path Distance)等。ArcMap 距离分析工具位于 ArcToolbox 中【Spatial Analyst】(空间分析)下的【Distance】(距离分析)工具箱中。

第四节 空间分析应用案例

一、矢量数据空间分析应用案例

【实验目的】

选址模型是经典的 GIS 空间分析模型,本节以旅游目的地选址为案例,展示 ArcGIS 矢量数据的缓冲区分析、叠置分析等空间分析功能,探讨利用 ArcGIS 空间分析功能来解决实际问题。

【实验背景】

本实验要求如下:选择最适宜的旅游目的地,即所寻求的旅游目的地应是景区质量等级的综合评价较高(即旅游景区星级高),位于交通便捷的位置(即离道路的距离要近)。具体来说有以下两点:

(1)旅游目的地景区属于国家 AAAA 级景区及以上;

(2)旅游目的地景区离主要交通要道 1 000 米范围之内,离次要道路 500 米之内,其他道路 200 米之内(不同道路等级对应的适宜距离位于 distance 字段)。

【实验数据】

(1)交通网络图(Road. shp);

(2)旅游景区分布图(POI. shp);

(3)研究区范围分布(boundary. shp)。

【实验设计】

(1)使用【Select By Attributes】(按属性选择)工具,输入旅游景区分布图,提取 AAAA 级及以上的景区;

(2)使用 ArcToolbox 中的【Buffer】(缓冲分析)工具或【Buffer Wizard】(缓冲向导)工具,输入实验数据,计算缓冲区分析结果;

(3)使用【Intersect】(相交分析)工具,生成道路缓冲区和景区数据的几何交集。

【实验步骤】

1. 加载数据

打开 ArcMap,单击标准工具条(Standard)上的【Add Data】(添加数据)工具,加载研究区范围数据"boundary. shp"、旅游景区数据"POI. shp"和道路数据"Road. shp"。

2. 按属性查询

打开旅游景区数据"POI. shp"属性表,确认 Rank 字段名称(图 5-7);在 ArcMap 窗口主菜单中选择【Selection】(选择)→【Select By Attributes】(按属性选择)命令,弹出【Select By Attributes】对话框,在【Layer】(图层)中选择道路数据"POI",输入查询条件为"Rank">=4,单击【OK】按钮(图 5-8),即可选中所有 AAAA 级及以上的旅游景区,如图 5 - 9 所示。

图 5 - 7　POI 图层属性表及 Rank 字段

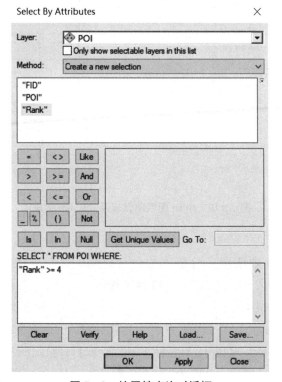

图 5 - 8　按属性查询对话框

图 5-9　按属性查询结果

3. 建立道路缓冲区

（1）打开道路数据"Road. shp"属性表，确认 distance 字段名称（图 5-10）。

FID	Shape *	osm_id	name	ref	type	oneway	bridge	tunnel	maxspeed	distance
0	Polyline ZM	93883505			secondary	0	0	0	0	500
1	Polyline ZM	343634019			residential	0	0	0	0	200
2	Polyline ZM	232343556	连霍高速公路	G30	motorway	1	0	0	0	1000
3	Polyline ZM	332216603			tertiary	0	0	0	0	200
4	Polyline ZM	232343536	连霍高速公路	G30	motorway	1	0	0	0	1000
5	Polyline ZM	332207631			tertiary	0	0	0	0	200
6	Polyline ZM	304518274			tertiary	0	0	0	0	200
7	Polyline ZM	289221700			motorway_link	1	1	0	0	1000
8	Polyline ZM	369864853		G3	motorway	1	1	0	0	1000
9	Polyline ZM	154376435			secondary	0	0	0	0	500
10	Polyline ZM	300211706	宿新高速	S49	motorway	1	1	0	120	1000
11	Polyline ZM	417520667			secondary	1	0	1	0	500
12	Polyline ZM	332887277			tertiary	0	0	0	0	200
13	Polyline ZM	199309398			primary	0	0	0	0	1000
14	Polyline ZM	332207625			motorway_link	1	0	0	0	1000
15	Polyline ZM	340453808			tertiary	0	0	0	0	200
16	Polyline ZM	417539279		G206	primary	1	0	0	0	1000

(0 out of 3079 Selected)

图 5-10　Road 图层属性表及 distance 字段

（2）缓冲区分析。

常用的 ArcMap 中缓冲区分析方法包含【Buffer Wizard】（缓冲向导工具）和【Proximity】（邻近分析）中的【Buffer】（缓冲工具）。

① Buffer 工具方法。

依次打开【System Toolboxes】（系统工具箱）→【Analysis Tools】（分析工具）→【Proximity】（邻近分析）→【Buffer】（缓冲工具）命令，打开【Buffer】对话框（图 5-11），【Input Features】（输入要素）设置为"Road"，【Output Features】（输出要素）输出为

"Road_Buffer. shp",在【Distance】(距离)选择下的【Field】(字段)中选择并设置为
"distance"字段,单击【OK】按钮(图 5 - 11)。不同等级道路的缓冲区分析结果如
图 5 - 12 所示。

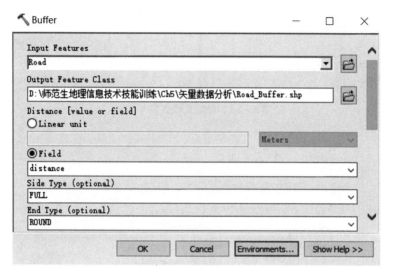

图 5 - 11　道路缓冲区分析参数设置

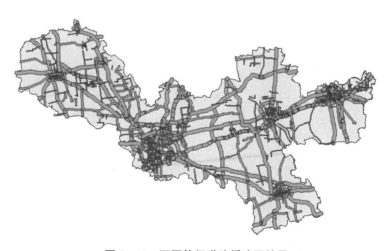

图 5 - 12　不同等级道路缓冲区结果

② Buffer 向导分析方法。

依次单击【Customize】(自定义)→【Customize Mode】(自定义模式)(图 5 - 13),
弹出 Customize 对话框,选择中间【Commands】(命令)选项卡,左侧 Categories 选择
【Tools】(工具),右侧 Commands 选择命令【Buffer Wizard …】(缓冲向导……)(图
5 - 14),鼠标左键长按【Buffer Wizard …】并拖放到 ArcMap 菜单栏,将【Buffer
Wizard …】工具固定于 ArcMap 工具栏中。

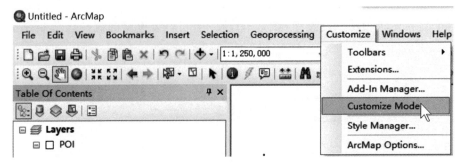

图 5 – 13　自定义模式菜单项

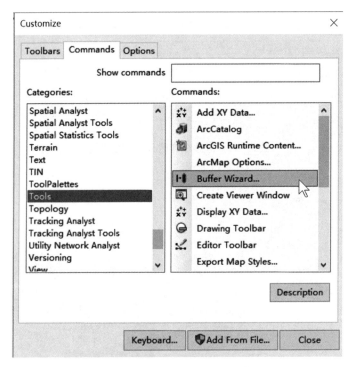

图 5 – 14　Buffer Wizard 命令

　　鼠标左键单击前述固定于工具栏中的【Buffer Wizard … 】工具，弹出 Buffer Wizard 对话框，设置缓冲分析目标图层为"Road"，单击下一页，设置创建缓冲区方式相关参数（图 5 – 15）。

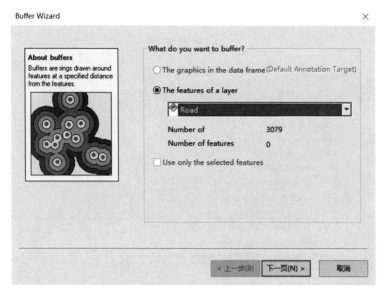

图 5 - 15 Buffer Wizard 输入文件

缓冲区方式对话框中,设置利用属性表字段 distance 值作为缓冲距离数据来源 (Based on a distance from an attribute),距离单位(Distance units)设置为 Meters (米)(图 5 - 16),单击【下一步】继续设置缓冲融合设置及输出文件的保存位置相关参数。

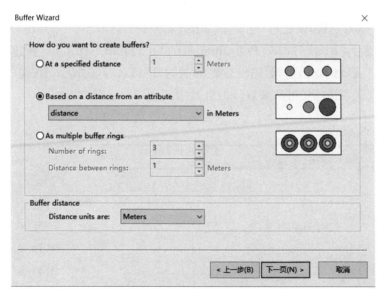

图 5 - 16 Buffer Wizard 缓冲距离设置

缓冲融合设置及输出文件参数设置对话框中,【Dissolve barriers between】(融合类型)选择【Yes】。由于缓冲区融合耗时较长,若考虑计算机处理机时原因,本处亦可设置为【No】。另外,缓冲区分析输出文件设置为"Road_Buffer. shp",单击"完成",开始执行缓冲区分析(图5-17)。

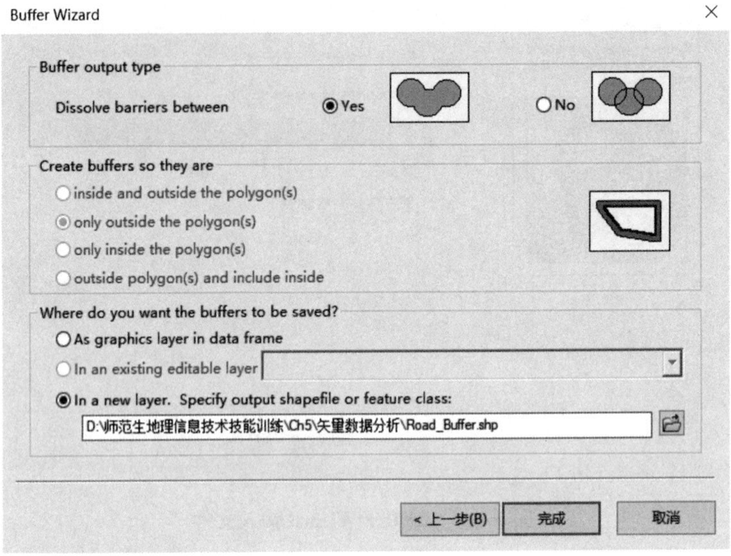

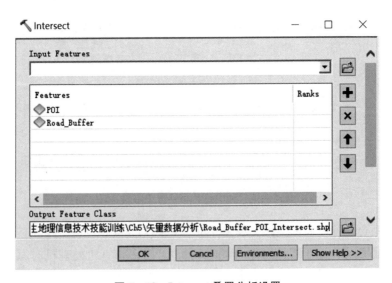

图5-17 Buffer Wizard 融合类型及输出路径设置

4. 叠置分析

依次打开【System Toolboxes】(系统工具箱)→【Analysis Tools】(分析工具)→【Overlay】(叠置分析)→【Intersect】(相交)命令,打开【Intersect】对话框,【Input Features】(输入要素)设置为"POI"和"Road_Buffer",【Output Feature Class】(输出要素类)设置为"Road_Buffer_POI_Intersect.shp",【Join Attributes】(连接属性)设置为"ALL",【Output Type】(输出类型)设置为"INPUT",单击【OK】按钮(图5-18),输出旅游景区和道路缓冲区叠置分析结果(图5-19)。

图5-18 Intersect 叠置分析设置

图 5-19　矢量分析结果

二、栅格数据空间分析应用案例

【实验目的】

通过本实验,熟悉 ArcGIS 栅格数据距离制图、成本距离加权和数据重分类等空间分析功能。

【实验背景】

某地决定新建一个中学,选址条件包括:

(1) 新学校应位于地势较平坦处;

(2) 新学校的建立应结合现有土地利用类型综合考虑,选择成本不高的区域;

(3) 新学校应该与现有基础设施相配套,学校距离这些设施越近越好;

(4) 新学校应避开现有学校,合理分布。

【实验数据】

(1) 高程数据(elevation. img);

(2) 现有学校数据(schools. shp);

(3) 娱乐场所数据(rec_ sites. shp);

(4) 土地利用数据(landuse. img)。

【实验设计】

(1) 借助【Slope】(坡度)工具,输入 DEM 数据,生成坡度数据集;

(2) 利用【Euclidean Distance】(欧式距离)工具,输入指定的数据,计算每个像元到最近源的欧式距离;

(3) 使用【Reclassify】(重分类)工具,输入栅格数据,获得重分类后的栅格图像;

(4) 使用【Raster Calculator】(栅格计算器)工具,输入加权计算公式,生成加权后栅格图像;

（5）前述各数据层权重比例分别为：距离基础设施变量比例占 0.5，距离学校变量比例占 0.25，土地利用类型和地势因素变量比例各占 0.125。

【实验步骤】

1. 加载数据

ArcMap 中依次加载高程数据（elevation. img）、现有学校数据（schools. shp）、基础设施数据（rec_ sites. shp）和土地利用数据（landuse. img）。

2. 设置空间分析环境

依次单击 ArcMap 的菜单项【Geoprocessing】（地理处理）→【Environments】（环境），打开 Environment Settings（环境设置）对话框，展开【Processing Extent】（处理范围），【Extent】（范围）和【Snap Raster】（捕捉栅格）下拉框中选择"Same as layer elevation. img"（与图层 elevation. img 相同，即 30 米），单击【OK】按钮（图 5 - 20），完成空间分析环境设置。

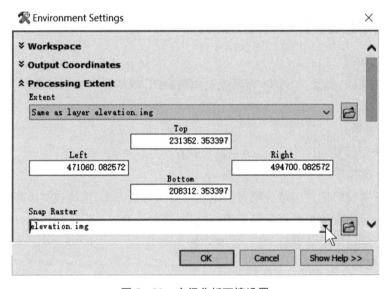

图 5 - 20　空间分析环境设置

3. 计算坡度数据

依次打开【System Toolboxes】（系统工具箱）→【Spatial Analysis Tools】（空间分析工具）→【Surface】（表面）→【Slope】（坡度）命令，弹出 Slope 对话框，【Input raster】（输入栅格）设置为"elevation. img"，【Output raster】（输出栅格）命名为"slope_ elevation. img"，【Output measurement】（输出坡度度量方式）设置为度（Degree），其余参数采用工具缺省值，单击【OK】按钮（图 5 - 21），计算得到的坡度结果如图 5 - 22 所示：

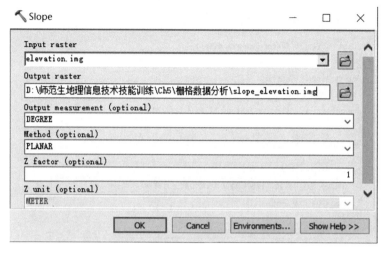

图 5-21 坡度分析设置对话框

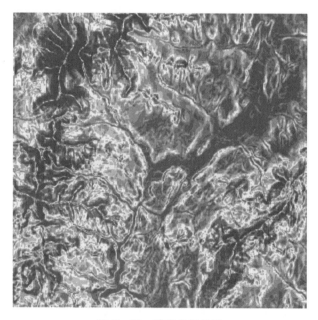

图 5-22 坡度分析结果

4. 欧式距离分析

依次打开【System Toolboxes】(系统工具箱)→【Spatial Analysis Tools】(空间分析工具)→【Distance】(距离)→【Euclidean Distance】(欧式距离)命令，弹出【Euclidean Distance】对话框，【Input raster or feature source data】(输入栅格或要素源数据)设置为"rec_sites"，【Output distance raster】(输出距离栅格)命名为"EucDist_rec_sites. img"，【Output cell size】(输出像元大小)设置为"elevation. img"，其余参数采用工具缺省值，单击【OK】按钮(图 5-23)，生成离基础设施的距离分布图(5-24)。

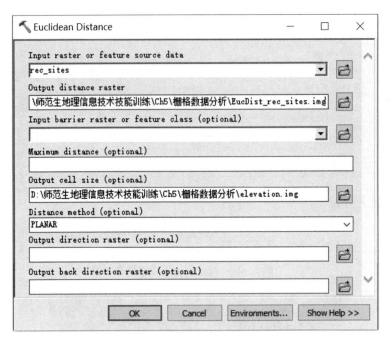

图 5 - 23 离基础设施的距离参数设置

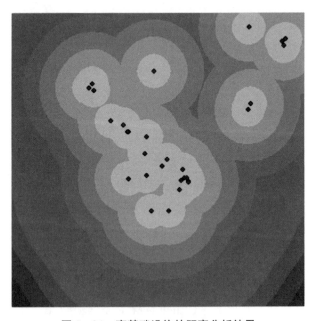

图 5 - 24 离基础设施的距离分析结果

参照前述离基础设施距离的计算过程,按照图 5 - 25 设置离学校的欧式距离计算参数,计算得到离学校的距离结果如图 5 - 26 所示:

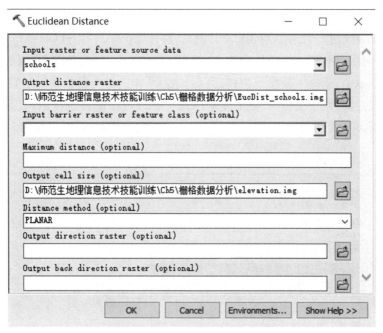

图 5 - 25　离学校的距离参数设置

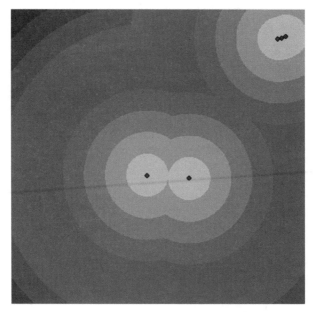

图 5 - 26　离学校的距离分析结果

5. 重分类分析

（1）坡度重分类分析。

依次打开【System Toolboxes】（系统工具箱）→【Spatial Analysis Tools】（空间分析工具）→【Reclass】（重分类）→【Reclassify】（重分类）命令，弹出【Reclassify】对话框，【Input raster】（输入栅格）设置为"slope_elevation. img"，【Reclass field】（重分类

字段)设置为"Value",【Output Raster】(输出栅格)文件命名为"Reclass_slope_elevation.img"(图5-27)。单击【Classify...】(分类……),打开【Classification】对话框,采用等间距分级把坡度结果分为10级(图5-28)。在此基础上,将坡度分级计算结果重新赋值,依据主要设定为:坡度小、地形平坦的地方学校建设适宜性高,赋以较大的适宜性值;而坡度值大、地形陡峭的地区赋以较小的适宜性值;其余输入参数选取缺省值,单击【OK】按钮(图5-28),生成坡度重分类数据,结果如图5-29所示。

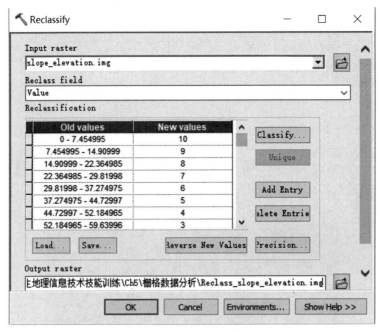

图5-27　Slope重分类参数设置

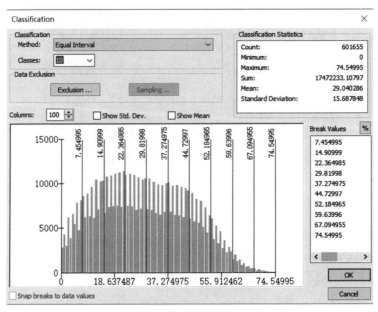

图5-28　Slope分级参数设置

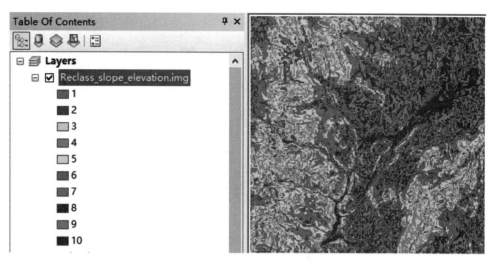

图 5-29　Slope 重分类结果

（2）离基础设施的距离重分类分析。

与前述坡度重分类的计算过程相似，开展离基础设施的距离重分类分析。按照图 5-30 和图 5-31 设置离基础设施的距离重分类和分级参数，计算得到离基础设施的距离重分类结果如图 5-32 所示：

5

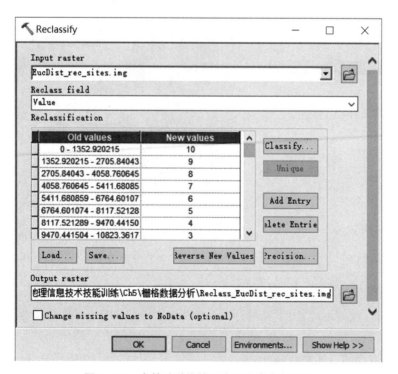

图 5-30　离基础设施的距离重分类参数设置

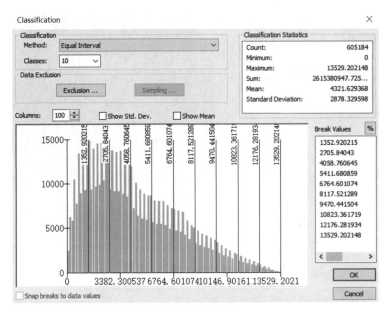

图 5 - 31　离基础设施的距离分级参数设置

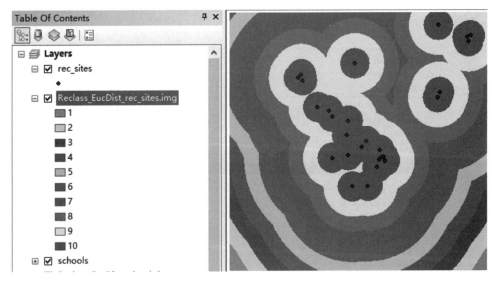

图 5 - 32　离基础设施的距离重分类结果

（3）离学校的距离重分类分析。

对于离学校的距离，由于离现有学校越近，建议新学校的可能性较小。因而，开展离学校的距离重分类分析时，将分级依据设定为：离现有学校越远适宜性越高，赋以越大的适宜性值；反之，则赋以较小的适宜性值。具体地，按照图 5 - 33 和图 5 - 34 设置离学校的距离分类分级参数，计算得到离学校的距离重分类结果如图 5 - 35 所示：

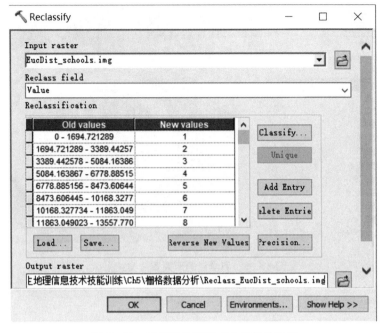

图 5‐33 离学校的距离重分类参数设置

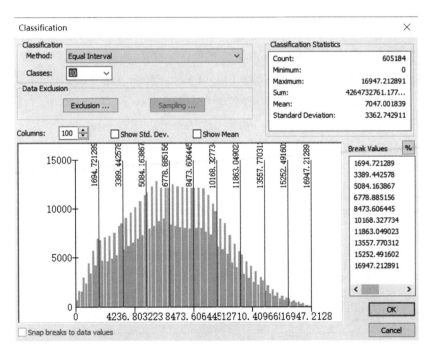

图 5‐34 离学校的距离分级参数设置

图 5-35　离学校的距离重分类结果

（4）土地利用数据重分类分析。

本实验中，土地利用数据（"landuse. img"）的分辨率为 25 米，其他数据的分辨率为 30 米。由于栅格数据分析要求各输入变量的分辨率相同，因而，本实验利用重采样工具把土地利用数据（"landuse. img"）的空间分辨率采样至 30 米。依次打开【System Toolboxes】（系统工具箱）→【Data Management Tools】（数据管理工具）→【Raster】（栅格）→【Raster Processing】（栅格处理）→【Resample】（重采样）命令，打开【Resample】对话框，选择输入栅格数据【Input raster】（输入栅格）为"landuse. img"，【Output Cell Size】（输出像元大小）设置为"Same as layer elevation. img"，【Output Raster Dataset】（输出栅格数据集）命名为"Resample_landuse. img"，Resampling Technique（重采样技术）设置为"NEAREST"（最邻近法），单击【OK】按钮执行重采样（图 5-36）。

图 5-36　土地利用类型数据重采样参数设置

计算得到重采样为 30 米分辨率的土地数据后,利用【Reclassify】(重分类)命令对土地利用数据("Resample_landuse. img")进行重分类。本实验假定各土地利用类型中水域(代码 2)和湿地(代码 7)不用于新建学校,其他地类用于建设学校的适宜性顺序为:农田(代码 5)＞ 建成区(代码 4)＞ 灌木(代码 1)＞ 林地(代码 6)＞ 裸地(代码 3)。

　　重分类分析的具体实现步骤如下:依次打开【System Toolboxes】(系统工具箱)→【Spatial Analysis Tools】(空间分析工具)→【Reclass】(重分类)→【Reclassify】(重分类)命令,弹出 Reclassify 对话框,选择输入栅格数据【Input raster】(输入栅格)为"Resample_landuse. img",【Reclass field】(重分类字段)设置为"Value",根据学校建设的适宜性设定,点击【Delete entries】(删除条目),删除 2 和 7 两个类别,然后将土地利用数据重采样的计算结果重新赋值:将农田(代码 5)、建成区(代码 4)、灌木(代码 1)、林地(代码 6)和裸地(代码 3)的像元值重新设置为 10、8、6、4 和 2,【Output Raster】(输出栅格)文件命名为"Reclass_Resample_landuse. img"(图 5 - 37),单击【OK】按钮,生成土地利用重分类数据。计算结果如图 5 - 38 所示。

5

图 5 - 37　土地利用类型数据重分类参数设置

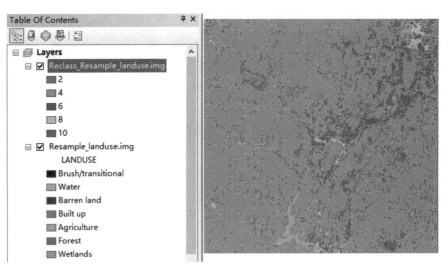

图 5-38　土地利用类型数据重分类结果

6. 适宜性指标计算

依次打开【System Toolboxes】(系统工具箱)→【Spatial Analysis Tools】(空间分析工具)→【Map Algebra】(地图代数)→【Raster Calculator】(栅格计算器)工具,打开 Raster Calculator 对话框,利用前述计算的 4 个重分类计算数据,最终的学校建设适宜性指标的加权计算公式为:

"Reclass_EucDist_rec_sites. img" * 0.5 + "Reclass_EucDist_schools. img" * 0.25 + "Reclass_Resample_landuse. img" * 0.125 + "Reclass_slope_elevation. img" * 0.125

在栅格计算器中输入计算公式,【Output Raster】(输出栅格)设置为"result. img"(图 5-39),单击【OK】按钮,得到初步的学校建设适宜性选址结果(图 5-40)。

图 5-39　栅格计算器加权处理分析

图 5‑40　初步选址结果

7. 适宜性指标重分类

依次打开【System Toolboxes】(系统工具箱)→【Spatial Analysis Tools】(空间分析工具)→【Reclass】(重分类)→【Reclassify】(重分类)命令,弹出 Reclassify 对话框,【Input raster】(输入栅格)数据设置为"result. img",【Reclass field】(重分类字段)设置为"Value",输出文件命名为"Reclass_result. img"(图 5 ‑ 41)。单击【Classify … 】(分类),打开 Classification 对话框,采用等间距分级方法把坡度结果划分为 10 级(图 5 ‑ 42),其余输入参数选取缺省值,单击【OK】按钮,生成适宜性指标重分类结果(图 5 ‑ 43)。

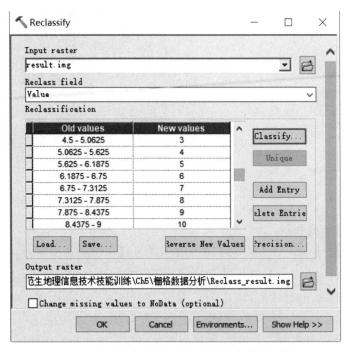

图 5‑41　初步选址结果数据重分类参数设置

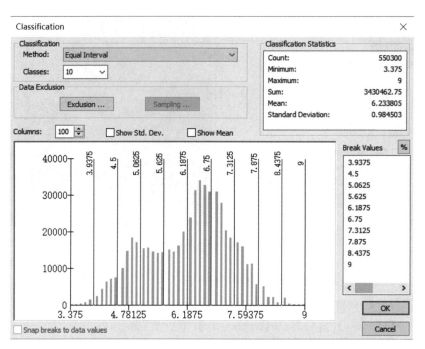

图 5‑42　初步选址结果数据分级参数设置

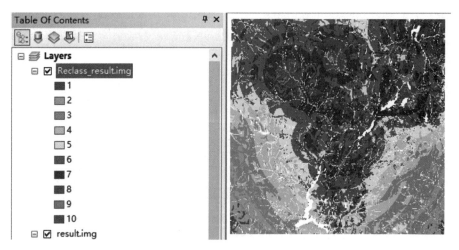

图 5‑43　初步分类结果分级

8. 学校选址结果

依次打开【System Toolboxes】(系统工具箱)→【Spatial Analysis Tools】(空间分析工具)→【Map Algebra】(地图代数)→【Raster Calculator】(栅格计算器)工具,弹出 Raster Calculator 对话框,输入公式如下:SetNull("Reclass_result. img"<10,"Reclass_result. img"),进一步设置输出文件名为:Setnull_Reclass_result. img(图5‑44),输出结果如图5‑45所示,图中红色区域即为最终的新建学校选址区域。

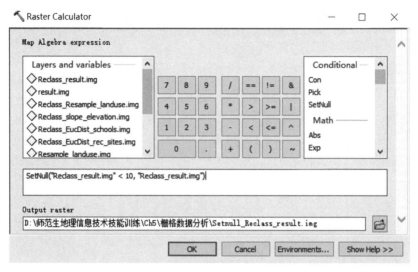

图 5‑44　栅格计算器对话框

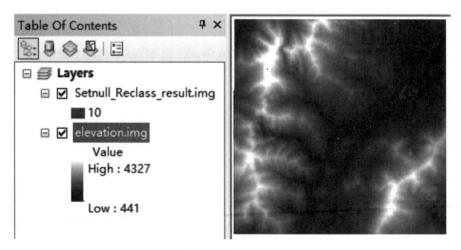

图 5‑45　选址结果

中篇

遥感技术

第六章
ENVI 基础

扫码查看
本章资源

第一节　ENVI 窗口组成

一、ENVI/IDL 体系结构

面向不同需求的用户，ENVI 采用开放的体系结构为用户提供了系统的扩展功能。ENVI 以 ENVI RT、ENVI+IDL、ENVI 服务器形式为用户提供了多种形式的产品架构，且提供了丰富的功能扩展模块供用户选择，这使 ENVI 产品模块的组合具有极大的灵活性。

1. ENVI 桌面运行环境（ENVI RT）

ENVI 桌面运行环境可以实现图像数据的输入/输出、定标、几何校正、正射校正、图像融合、镶嵌、裁剪、图像增强、图像解译、图像分类、基于知识的决策树分类、动态监测、矢量处理、波谱分析、异常地物提取、目标识别、植被分析、雷达数据基本处理、制图、三维场景构建，以及与 GIS 的整合等，是一个完善的遥感图像处理平台。ENVI 桌面运行环境虽然没有 IDL 编程环境，不能利用 IDL 编写自定义程序，但它能够直接使用编译后的 IDL 扩展程序（.sav）。

ENVI 桌面运行环境的可扩充模块主要包括：

（1）大气校正模块（Atmospheric Correction）。

（2）深度学习扩展模块（Deep Learning）。

（3）面向对象空间特征提取模块（Feature Extraction-FX）。

（4）立体像对高程提取模块（DEM Extraction）。

（5）摄影测量扩展模块（Photogrammetry）。

（6）NITF 图像处理扩展模块（Certified NITF）。

除此以外，ENVI 桌面运行环境还提供了面向行业应用的精准农业工具包——ENVI Crop Science，以及架构在 ENVI 之上的高级雷达图像处理软件 SARscape 和企业级服务器软件 ENVI Services Engine。

2. ENVI+IDL 运行环境

除涵盖了 ENVI RT 所有图像处理功能外,ENVI+IDL 运行环境还提供 IDL 编程环境,可以直接调用 ENVI 的功能函数定制自己的专业遥感应用平台,或者利用 IDL 为 ENVI 编写扩展功能,甚至可以使用 IDL 独立开发软件平台。

除了 ENVI RT 所有的扩展模块,ENVI+IDL 运行环境的可扩充模块还包括:

(1) 数学与统计扩展工具包(IDL Advanced)。

(2) 数据库连接工具包(IDL Data Miner)。

3. ENVI 服务器运行环境

ENVI 服务器运行环境主要基于 ENVI Services Engine 平台来开发实现。通过利用 ENVI Services Engine 平台,用户可以组织、创建及发布可伸缩、高度可配置的地理空间应用程序,将这些能力部署在任何现有的集群环境、企业级服务器或云平台中。另外,用户可以通过各种终端(如 桌面端、移动端、网页端等)按需获取并充分利用遥感图像提取的信息。通过利用 ENVI Services Engine,用户能够极大地提高投资回报率,优化决策过程,提高数据应用效率,简化软硬件维护。

二、ENVI 图形用户界面(GUI)

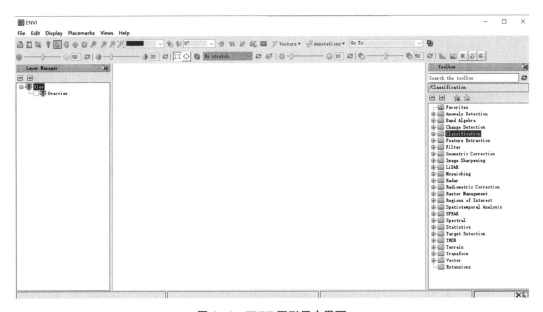

图 6-1　ENVI 图形用户界面

ENVI 5.3 是一款专业的遥感图像处理软件,具有强大的图像处理和分析功能。其图形用户界面(GUI)设计旨在让用户能够轻松地完成复杂的遥感数据处理任务。ENVI 窗口由菜单栏、工具栏、图层管理、视图窗口、工具箱、状态栏几部分组成(图 6-1),各部分的功能依次介绍如下:

(1) 菜单栏:包含各种菜单(如文件、编辑、视图、工具、帮助等),通过这些菜单可以访问软件的各种功能和工具。

（2）工具栏：提供了一些常用的工具，位于菜单栏下方，如数据的打开与输出、感兴趣区工具、标记工具等，方便用户进行快捷操作。

（3）图层管理：通常位于左侧或右侧，用于管理已加载的图像，包括添加、删除、显示图像信息等功能。

（4）视图窗口：数据的显示区域，最多可以分成 16 个不同的视图区域。

（5）工具箱：提供了 ENVI 软件的分析工具。

（6）状态栏：位于界面底部，显示了当前操作的状态信息，如正在进行的操作、鼠标指针位置等。

三、ENVI 数据加载与管理

1. 数据加载

（1）打开通用栅格/矢量数据。

在菜单栏中依次单击【File】（文件）→【Open】（打开）菜单项，通过弹出的对话框打开及浏览常见数据。此外，也可以单击工具栏上的【Open】按钮来加载数据（图 6 - 2）。

（2）打开特定数据格式。

虽然前述方式可以打开大多数类型的文件，但是对于特定的已知文件类型，则需要借助于内部或外部的头文件信息。

在菜单栏中选择【File】（文件）→【Open As】（打开为）选项，选择一种传感器或文件类型，通过这种方式可以打开特定文件格式的数据（图 6 - 3）。需注意的是使用该方式打开数据时需要确保图像文件有正确的元数据或辅助数据。

图 6 - 2　打开文件菜单

图 6 - 3　打开特定数据菜单项

（3）打开全球数据。

在菜单栏中依次单击【File】（文件）→【Open World Data】（打开全球数据）菜单项，可以打开 ENVI 安装目录下提供的全球矢量数据（包括机场、海岸线、国界线、地理线、湖泊、岛屿、居住区、港口、河流、道路、州/省界线等）和栅格数据（包括地形阴影渲染图和高程图等），如图 6-4 所示。

图 6-4　打开全球数据

2. 数据管理

数据管理是 ENVI 用于管理文件的工具，显示了当前打开的所有文件和内存项的文件名。在菜单栏中依次单击【File】（文件）→【Data Manager】（数据管理器）菜单项或者单击工具栏中的【Data Manager】按钮（图 6-5(a)），打开数据管理面板。利用【Data Manager】（数据管理器）可以查看文件的所有已知信息，包括完整路径、行列数、波段数、文件类型、数据类型、文件格式、字节信息、投影信息等。此外，还可以利用【Data Manager】加载数据到新的图层、打开新文件、关闭文件、浏览头文件、浏览显示波段信息等操作（图 6-5(b)）。【Data Manager】的主要功能介绍如下：

【File Information】（文件信息）：显示头文件信息。

【Band Selection】（波段选择）：波段组合操作。

【Load Data】（加载数据）或【Load Grayscale】（加载灰度影像）：加载波段组合或灰度图像到新的视图。

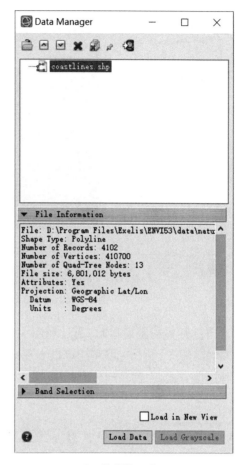

（a）菜单项　　　　　　　　（b）数据管理窗口

图 6-5　数据管理器

3. 视图管理

　　ENVI 的 View 功能可以实现将工作区划分为多个可视化窗口。在菜单栏中依次单击【File】（文件）→【Views】（视图）→【Two Vertical Views】（两幅垂直视图）菜单项（图 6-6(a)），Layer Manager 中会自动加载新的视图，软件也会自动加载 2 个垂直视图至右侧窗口。此时需要在哪个窗口显示图像，则点击选中该视图窗口，然后打开相应影像即可（图 6-6(b)）。

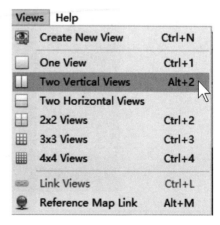

图 6-6(a)　ENVI 多视图显示菜单

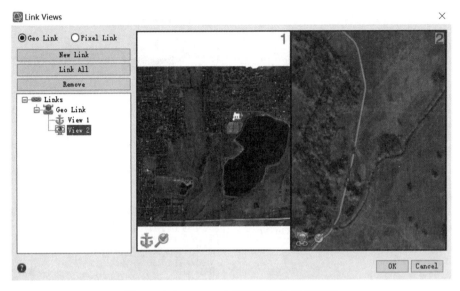

图 6-6(b)　ENVI 多视图显示和链接窗口

　　当打开多视图窗口时,通过利用 Views(视图)菜单项下的 Link Views(链接视图)功能(图 6-6(b)),ENVI 可以实现多视图的联动显示(图 6-7)。ENVI 提供了两种连接方式,一种是地理坐标连接方式,另一种是通过像元位置来创建连接。

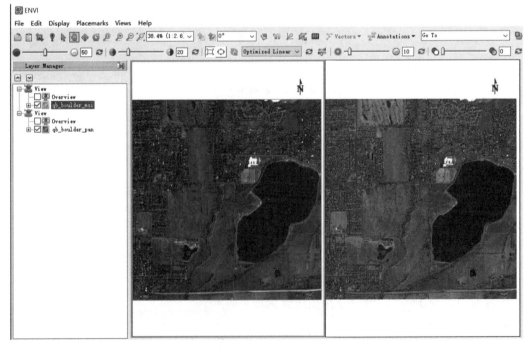

图 6-7　多视图链接显示结果

第二节　ENVI 影像处理基础

一、ENVI 文件存储

ENVI 栅格数据由一个简单的二进制文件和一个相应的 ASCII（文本）头文件组成。ENVI 头文件包含用于读取图像数据文件的信息，它通常在数据文件第一次被 ENVI 存取时被创建。ENVI 头文件一般通过交互式输入必需信息，且以后可以被编辑修改。若有必要，也可以在 ENVI 之外使用一个文本编辑器生成一个 ENVI 头文件。

与头文件不同，图像文件以二进制的字节流存储，通常以 BSQ（Band Sequential）、BIP（Band Interleaved by Pixel）、BIL（Band Interleaved by Line）方式存储。BSQ 格式先将影像同一波段的数据逐行存储下来，再以相同的方式存储下一波段的数据。BSQ 格式便于快速获取影像单个波谱波段的空间点（x,y）信息。BIP 格式按顺序存储第一个像元的所有波段，接着是第二个像元的所有波段，依次类推。BIP 格式提供了最佳的波谱处理能力，为影像数据波谱的存取提供了最佳性能。BIL 格式是介于空间处理和波谱处理之间的一种存储格式，也是大多数 ENVI 操作中所推荐的格式。BIL 格式先存储第一个波段的第一行，接着是第二个波段的第一行，直到所有的数据都存储完毕。

ENVI 矢量数据（. evf）提供了一种快速和高效的存储和处理矢量格式信息的方法，可以从任何矢量文件提取信息，并创建一个 ENVI 矢量文件。

二、基本图像处理工具

遥感影像是遥感传感器对地表（目标物）通过摄影、扫描等手段获取的影像，提供了地球丰富的地理信息，从而了解地球表面的各种特征和现象。遥感影像在传输和记录过程中可能会受到一些噪声和干扰的影响，因而，原始遥感影像需要经过图像处理来消除成像过程中的误差，改善图像质量，使影像更适合后续的处理和分析。常用的遥感影像处理方法有图像的数字滤波、辐射定标、大气校正、几何纠正、图像增强、图像裁剪、图像镶嵌等。

1. 卷积滤波

卷积滤波通过消除特定的空间频率来增强图像，它们的核心部分是卷积核。ENVI 提供了多种卷积核，包括高通滤波（High Pass）、低通滤波（Low Pass）、拉普拉斯算子（Laplacian）、方向滤波（Directional）、高斯高通滤波（Gaussian High Pass）、高斯低通滤波（Gaussian Low Pass）、中值滤波（Median）、Sobel、Roberts，还可以自定义卷积核。

（a）卷积滤波工具

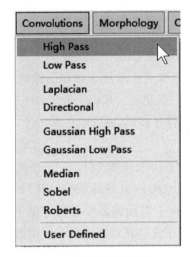
（b）高通滤波菜单项

图6-8 高通滤波工具

以高通滤波为例,依次单击 Toolbox 中的【Filter】(滤波)→【Convolutions and Morphology】(卷积和形态学滤波)(图6-8(a)),在弹出的【Convolutions and Morphology Tool】窗口中,选择【Convolutions】(卷积)滤波类型为【High Pass】(高通)(图6-8(b))。将【Kernel Size】(核大小)设置为5×5,【Image Add Back】(影像加回值)设置为40,【Editable Kernel】(可编辑核)取缺省值。单击【Apply To File…】(应用到文件……),出现"Convolution Input File"(卷积输入文件),选择图像文件,设置输出路径和文件名,将增强结果保存。如图6-9所示。

2. 辐射定标

辐射定标是将图像的数字量化值(DN)转化为物理

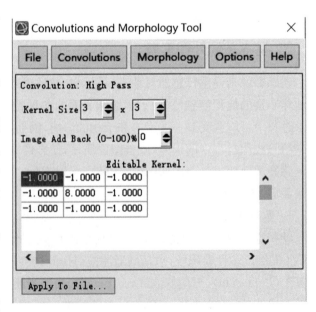

图6-9 高通滤波参数设置

量,包括辐射亮度值、反射率等的处理过程。辐射定标参数一般存放在遥感影像的元数据文件中,ENVI 中的通用辐射定标工具(Radiometric Calibration)能自动从元数据文件中读取参数,从而完成辐射定标。ENVI 辐射定标的主要步骤如下:

(1) 加载数据。

依次打开菜单项【File】(文件)→【Open】(打开),弹出打开文件对话框,进入实验数据目录,选择打开 * _MTL. txt 文件,如图 6‑10 所示:

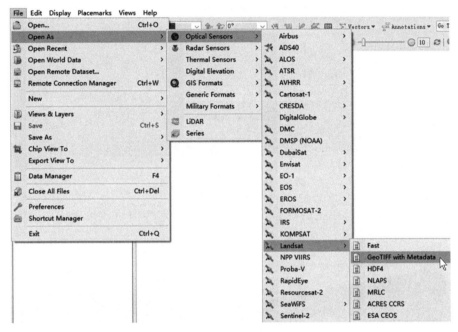

图 6‑10 打开 Landsat 数据菜单项

(2) 辐射定标参数设定。

打开 Toolbox,依次打开【Radiometric Correction】(辐射校正)→【Radiometric Calibration】(辐射定标),弹出辐射定标对话框,在打开的文件选择对话框中单击选择 Landsat 5 卫星的多光谱数据(LT05_L1TP_122036_20110329_20161208_01_T1_MTL_MultiSpectral),打开【Radiometric Calibration】面板(图 6‑11)。

在【Radiometric Calibration】面板中,单击【Apply FLAASH Settings】(应用 FLAASH 模型设置),设置以下参数:

• 【Calibration Type】(定标类型):Radiance(辐射率数据)
• 【Output Interleave】(输出影像存储顺序):BIL
• 【Output Data Type】(输出数据类型):Float(单精度浮点型)
• 【Scale Factor】(调整因子):0. 10
• 【Output Filename】(输出文件名):Landsat5_radi_2011. dat。

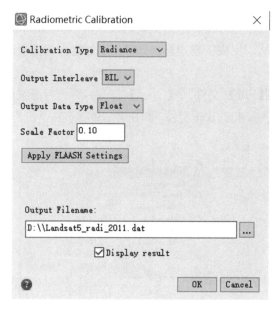

图 6‑11　辐射定标参数设置

参数设置完成后，单击【OK】，执行辐射定标。定标前后效果对比如图 6‑12 所示：

图 6‑12　辐射定标前后效果对比

3. 大气校正

通常情况下，遥感传感器获取的地面目标辐射亮度并不是地表真实反射率的反映，其中包含了由大气吸收、大气散射，尤其是散射作用造成的辐射量噪声和误差。大气校正就是消除原始影像中由大气影响所造成的辐射误差，从而反演地物真实反射率的过程。ENVI 提供了 FLAASH 大气校正工具模块来进行大气校正分析。具

体操作步骤如下:

(1)打开 Toolbox,依次选择打开【Radiometric Correction】(辐射校正)→【Atmospheric Correction Module】(大气校正模块)→【FLAASH Atmospheric Correction】(FLAASH 大气校正),弹出 FLAASH 大气校正工具。单击【Input Radiance Image】(输入辐射率影像)和设置输入文件后,弹出辐射率数据单位调整因子(Radiance Scale factors)对话框,选择"Use single scale factors for all bands"(为所有波段使用单一缩放因子),点击【OK】,如图 6－13 所示:

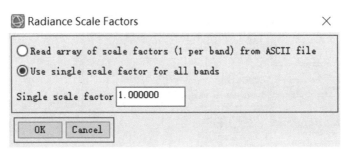

图 6－13　Radiance Scale Factors 对话框

(2)计算处理区域的平均地面高程。

依次打开 ENVI 主菜单项【File】(文件)→【Open】(打开),弹出打开文件对话框,打开 ENVI 安装目录\\Exelis\\ENVI53\\data,选择打开"GMTED2010.jp2",如图 6－14 所示:

图 6－14　区域平均高程数据源

打开 Toolbox,依次选择打开【Statistics】(统计)→【Compute Statistics】(计算统计),选择输入文件为"GMTED2010.jp2"文件,依次单击选择【Stats Subset】(统计子集)→【File】(文件),打开 Subset by File Input File(按文件提取统计子集的输入文

件),选中"Landsat5_radi_2011.dat"文件为本实验的处理区域的范围(图 6 - 15),单击【OK】,输出处理结果(图 6 - 16):

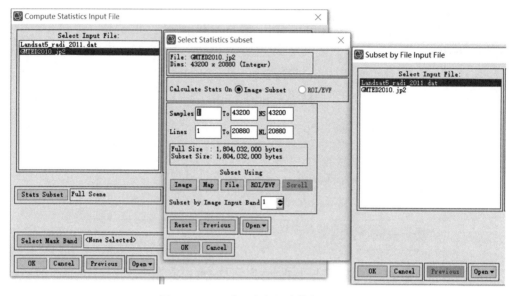

图 6 - 15　区域平均高程计算参数设置

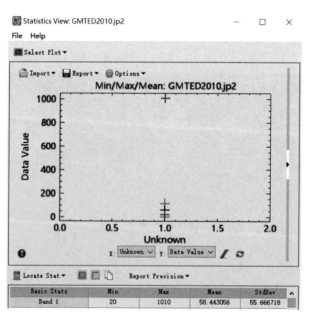

图 6 - 16　区域平均高程计算结果

　　根据图 6 - 16,本实验处理范围内的平均海拔高程(Ground Elevation)为0.058km(图 6 - 17)。

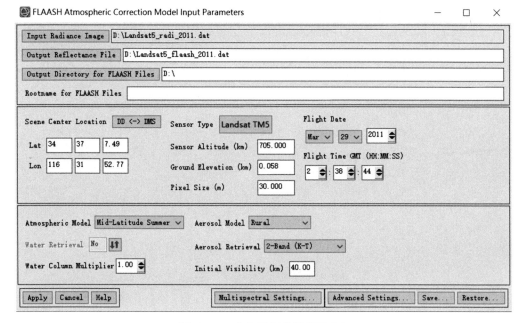

图 6-17 大气校正参数设置窗口

备注:FLAASH 模块的输入辐射率影像(Input Radiance Image)文件的存放路径及输出反射率文件(Output Reflectance File)的保存路径不要包含中文字符,建议模型运行前将相关文件存放于磁盘根目录下。

(3)大气模型设置。

FLAASH 大气校正模型主要基于 MODTRAN 辐射传输模型设计,可以快速对 Landsat、MODIS、SPOT、IRS 等卫星的多光谱数据进行大气校正。表 6-1 为 MODTRAN 辐射传输模型中各大气模型的水汽含量与地面大气温度设定及对应情况。表 6-2 展示了与数据经纬度位置及获取时间相对应的各个大气模型,用以作为 FLAASH 大气校正时模型选择的依据。

表 6-1 MODTRAN 模型中的水汽含量与空气温度设定

大气模型(Atmospheric Model)	水汽含量	水汽含量	表面空气温度
	(stdatm-cm)	(g/cm2)	
Sub-Arctic Winter(SAW)	518	0.42	-16℃
Mid-Latitude Winter(MLW)	1 060	0.85	-1℃
U. S. Standard(US)	1 762	1.42	15℃
Sub-Arctic Summer(SAS)	2 589	2.08	14℃
Mid-Latitude Summer(MLS)	3 636	2.92	21℃
Tropical(T)	5 119	4.11	27℃

(摘自 ENVI 官方网站文件)

表 6-2 基于纬度和季节的 MODTRAN 大气模型查找表

纬度	一月	三月	五月	七月	九月	十一月
80	SAW	SAW	SAW	MLW	MLW	SAW
70	SAW	SAW	MLW	MLW	MLW	SAW
60	MLW	MLW	MLW	SAS	SAS	MLW
50	MLW	MLW	SAS	SAS	SAS	SAS
40	SAS	SAS	SAS	MLS	MLS	SAS
30	MLS	MLS	MLS	T	T	MLS
20	T	T	T	T	T	T
10	T	T	T	T	T	T
0	T	T	T	T	T	T
−10	T	T	T	T	T	T
−20	T	T	T	MLS	MLS	T
−30	MLS	MLS	MLS	MLS	MLS	MLS
−40	SAS	SAS	SAS	SAS	SAS	SAS
−50	SAS	SAS	SAS	MLW	MLW	SAS
−60	MLW	MLW	MLW	MLW	MLW	MLW
−70	MLW	MLW	MLW	MLW	MLW	MLW
−80	MLW	MLW	MLW	MLW	MLW	MLW

（摘自 ENVI 官方网站文件）

因待处理影像范围位于东经 115°15′～117°50′、北纬 33°37′～35°32′之间,获取于 2011 年 4 月 14 日,因而,根据遥感影像数据的经纬度范围和获取时间,本实验中【Atmospheric Model】(大气模型)设置为 Mid-Latitude Summer (MLS)(图 6-17)。

ENVI 中的气溶胶模型(Aerosol Model)主要有五种:

第一,No Aerosol(无气溶胶):不考虑气溶胶影响;

第二,Rural(乡村):没有城市和工业影响的地区;

第三,Urban(城市):混合 80％乡村和 20％烟尘气溶胶,适合高密度城市或工业地区;

第四,Maritime(海面):海平面或者受海风影响的大陆区域,混合了海雾和小粒乡村气溶胶;

第五,Tropospheric(对流层):应用于平静、干净条件下(能见度大于 40 km)的陆地,只包含微小成分的乡村气溶胶。

综上,本实验中的【Aerosol Model】(气溶胶模型)选择设置为"Rural"(图 6-17)。

(4) 多光谱设置。

单击【Multispectral Settings】(多光谱设置),打开多光谱设置窗口,设置【Assign Default Values Based on Retrieval Conditions】(根据检索条件分配缺省值)为

Defaults,此时软件自动设置【KT Upper Channel】参数,其他参数保持缺省值(图 6 - 18):

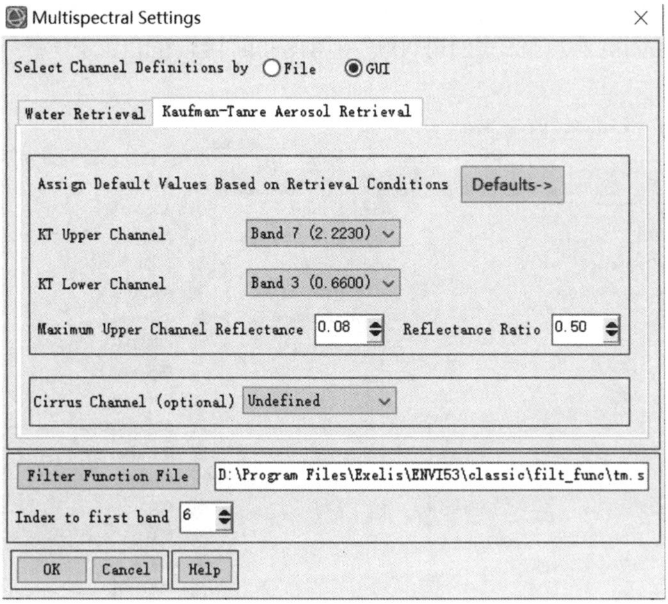

图 6 - 18　多光谱参数设置

(5) FLAASH 大气校正模型参数设置列举如下:

【Input Reflectance Image】:D:\Landsat5_radi_2011. dat

【Output Reflectance File】:D:\Landsat5_flaash_2011. dat

【Output Directory for FLAASH Files】:D:\

【Sensor Type】:Landsat TM5

【Ground Elevation】:0. 058km

【Atmospheric Model】:Mid-Latitude Summer

【Aerosol Model】:Rural

【Water Column Multiplier】:1. 00

【Initial Visibility (km)】:40. 00

【KT Upper Channel】:Band 7(2. 2230)

【Filter Function File】:tm. sli

4. 遥感影像的几何校正

遥感影像成像过程中可能会受到地球表面形变、传感器平台的高度、速度和姿态不稳定等因素的影响,导致影像出现几何失真。因而,遥感影像几何校正的目标是将影像的几何特征恢复到真实地面情况下的状态,从而使影像能够准确地反映地面特征。

ENVI 中几何校正方法有基于自带定位信息的几何校正、基于 GLT 的 FY3 气象卫星几何校正、Image to Image 几何校正、Image to Map 几何校正和 Image to Image 图像自动配准等许多方法,这里以基于自带定位信息的几何校正(MODIS 数据)为例来说明。

（1）ENVI 主菜单依次打开【File】（文件）→【Open As】（打开为）→【Optical Sensors】（光学传感器）→【EOS】→【MODIS】（图 6 - 19），选择并打开 MODIS 实验数据"MOD021KM. A2013185. 0245. 005. 2013185094144. hdf"。

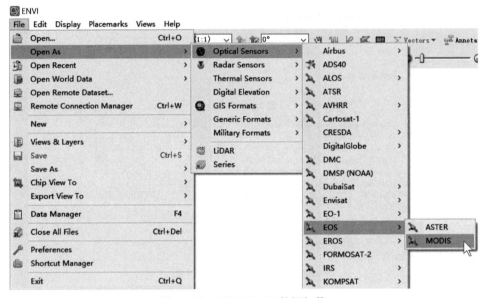

图 6 - 19　MODIS L1B 数据加载

（2）单击【File】（文件）→【Data Manager】（数据管理器）菜单项查看 MODIS 影像的信息。如图 6 - 20 所示，MODISL1B 数据包含 Emissive（发射率）、Radiance（辐射率）、Reflectance（大气表观反射率）数据，以及经度、纬度等地理参考信息。

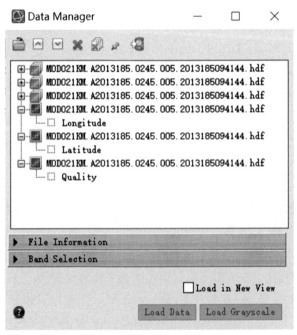

图 6 - 20　MODIS L1B 数据波段组成

（3）依次打开【Toolbox】（工具箱）→【Geometric Correction】（几何校正）→【Georeference by Sensor】（按传感器的几何校正）→【Georeference MODIS】（MODIS几何校正）（图6-21），弹出 Input MODIS File（输入 MODIS 文件）对话框，本实验设置待处理的 MODIS L1B 数据为 Reflectance（反射率），如图6-22所示。

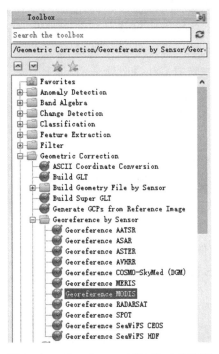

图6-21　Georeference MODIS 工具路径

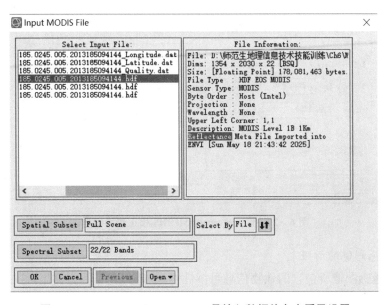

图6-22　Georeference MODIS 工具输入数据信息查看及设置

（4）在弹出的【Georeference MODIS Parameters】（几何校正 MODIS 参数）对话框中设置输出坐标系统。在【Enter Output GCP Filename】（键入输出的 GCP 文件名）中单击【Choose】（选择）按钮选择输出路径及文件名，用户可以选择性地将校正点导出成控制点文件（.pts），另外，在【Perform Bow Tie Correction】（执行蝴蝶结效应校正）中选择【Yes】选项来消除 MODIS 的"蝴蝶效应"（图 6-23）。单击【OK】按钮进入【Registration Parameters】（校正参数）对话框。

（5）在【Registration Parameters】（校正参数）对话框中，系统自动计算校正起始点的坐标值、像元大小、图像行列数据，用户也可以根据需要自行更改。【Background】（背景）取缺省值 0，选择工作空间路径和保存文件名称（图 6-24）。单击【OK】按钮执行 MODIS 影像的几何校正。

图 6-23　Georeference MODIS 投影参数设置

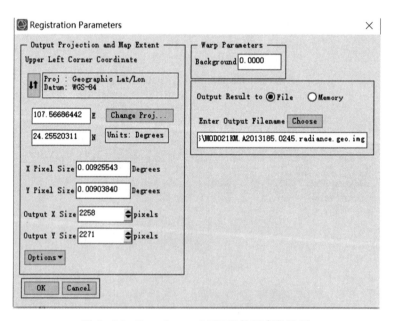

图 6-24　Georeference MODIS 校正参数设置

5. 遥感影像的增强

为使遥感图像所包含的地物信息可读性更强、感兴趣目标更突出，往往需要对遥感图像进行增强处理，这主要包括：彩色合成、直方图变换、K-T 变换等。

（1）彩色合成。

一般正常人眼只能分辨20级左右的亮度级，而对彩色的分辨能力则有100多种。相比而言，人眼对颜色的分辨力比黑白灰度的分辨力强很多。正因为如此，彩色图像能表现出更为丰富的信息量。为了充分利用色彩在遥感图像判读和信息提取中的优势，在遥感数据处理领域中，常利用彩色合成的方法对多光谱图像进行处理，以得到彩色图像。遥感彩色合成在农业、林业、城市规划和环境监测等领域具有广泛的应用。

彩色图像可以分为真彩色图像和假彩色图像。在遥感应用中，彩色图像可以通过波段合成来实现。波段合成是ENVI的一项重要功能，它是一种将不同波段的遥感数据融合成彩色或其他格式的图像的技术。真彩色合成是将红、绿、蓝三个波段合成为一幅图片，它使图像看起来更加自然，接近于肉眼所见的颜色。真彩色影像合成时，将红波段赋红色，绿波段赋绿色，蓝波段赋蓝色。假彩色合成是将遥感数据中的红、绿、近红外波段合成为图像。特别地，标准假彩色影像的合成方式是将近红外波段赋红色，红波段赋绿色，绿波段赋蓝色。以Landsat TM数据为例，真彩色合成和标准假彩色合成参数设置及最终效果如图6-25和图6-26所示。

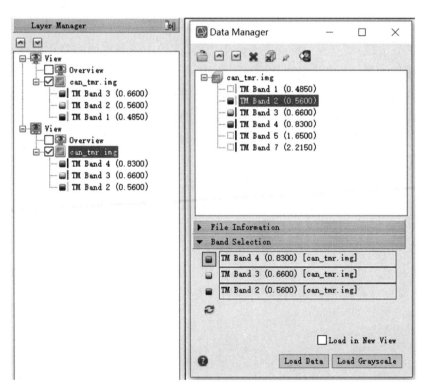

图6-25　不同彩色合成方式波段设置对比

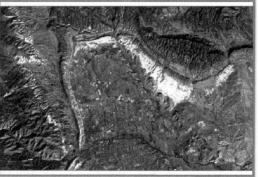

图 6-26　真彩色和假彩色合成效果对比

（2）直方图变换。

直方图变换是一种用于改善图像视觉效果的方法,通过改变和调整图像的灰度直方图,从而改变图像值的分布和结构关系。图像的直方图是通过统计图像各亮度的像元数而得到的随机分布图。直方图变换是指通过变换函数,使原图像的直方图变换为所要求的直方图,并根据新直方图变更原图像的亮度值。常见的直方图变换方法包括直方图均衡化和直方图正态化。前者是把原图像的直方图变换为灰度值频率固定的直方图,使变换后的亮度级分布均匀,图像中等亮度区的对比度得到扩展,相应原图像中两端亮度区的对比度相对压缩;而后者是针对直方图呈非正态分布的情形。此时如果图像的亮度分布偏亮、偏暗或亮度过于集中,图像的对比度较低,则通过调整该直方图到正态分布,可以改善图像的质量。

ENVI 中,图像的灰度直方图观测主要通过计算统计（Compute statistics）工具箱来实现。首先,依次打开【Toolbox】（工具箱）→【Statistics】（统计）→【Compute statistics】（计算统计）;其次,选择需要进行统计分析的图像文件,并执行计算统计（Compute statistics）;最后,统计计算完成后,在 select plot 下拉菜单中选择显示波段,可以查看不同波段的灰度直方图。

本例中执行直方图变换后,可以依次打开主菜单栏【File】（文件）→【Chip View To】功能将直方图变换增强后的图像保存,并再次利用 Compute Statistics 功能进行统计,从而观察直方图变换增强处理前后直方图的变化（图 6-27）。

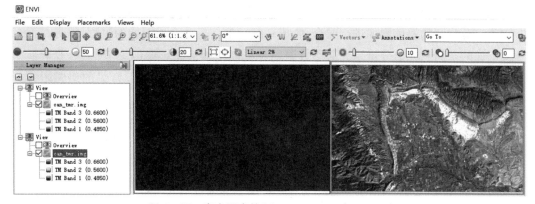

图 6-27 直方图变换(左,No stretch;右,Linear)

(3) K-T 变换。

K-T 变换,即 Kauth-Thomas 变换,又称为"缨帽变换(Tasseled Cap)"。K-T 变换是根据多光谱遥感中土壤、植被等信息在多维光谱空间中信息分布结构对图像做的经验性线性正交变换,是一种经验性的多波段图像的线性变换,它是 Kauth 和 Thomas(1976)在研究 Landsat MSS 图像时为了反映农作物和植被的生长过程时提出的。在研究过程中他们发现 MSS 图像四个波段组成的四维空间中,植被的光谱数据点呈规律性分布,呈缨帽状,因此将这种变换命名为"缨帽变换"。

ENVI 中,K-T 变换按如下步骤操作实验:

① 打开需要进行缨帽变换的图像。

② 依次打开【Toolbox】(工具箱)→【Transform】(变换)→【Tasseled Cap】(缨帽变换)(6-28)。

③ 设置输出路径,点击【OK】进行缨帽变换(6-29)。

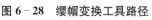

图 6-28 缨帽变换工具路径

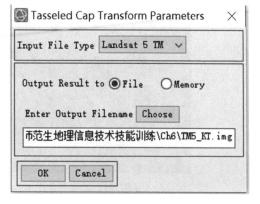

图 6-29 缨帽变换工具参数设置

(4) 图像融合。

不同的遥感数据具有不同的空间分辨率、波谱分辨率和时相分辨率。如果能将它们各自的优势综合起来,不仅可以弥补各自的不足,扩大各自数据的应用范围,而且大大提高了遥感影像分析的精度。遥感图像融合是采用一定的算法,将多源、多光谱或多分辨率的遥感影像进行融合,生成一组新的信息或合成图像的过程,以提高遥感影像的空间和光谱分辨率。遥感数据融合可以增强遥感影像的细节信息,改善遥感影像的可视化效果,提高遥感影像在各种应用中的精度和效果。常见的遥感影像数据融合方法包括Brovey变换、主成分分析、小波变换和多尺度分析等。

① 打开图像。

打开并加载基于QuickBird 2的多光谱(qb_boulder_msi. hdr,2.8米)影像。右键单击"qb_boulder_msi",选择改变波段显示(Change RGB Bands …),设置显示方式为标准假彩色合成(图6-30)。依次打开菜单栏【Views】→【Two Vertical Views】,选择并加载全色波段影像(qb_boulder_pan. hdr,0.7米)。较低分辨率的多光谱彩色影像和高分辨率的全色波段影像对比如下(图6-31)。

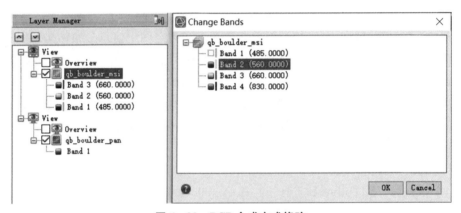

图6-30　RGB合成方式修改

(a) 多光谱波段(2.8米分辨率)　　　(b) 全色波段(0.7米分辨率)

图6-31　Quickbird 2卫星局部影像

② 多光谱彩色合成设置。

依次打开【Toolbox】(工具箱)→【Image Sharpening】(影像锐化)→【Color Normalized(Brovey) Sharpening】(Brovey变换),弹出"Select Input RGB Input

Bands"(选择输入的 RGB 输入波段)窗口(图 6-32),设置合成方式为标准假彩色合成(图 6-33),单击【OK】按钮完成设置。

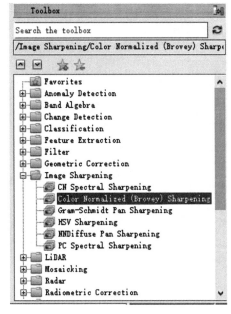

图 6-32　影像锐化工具箱

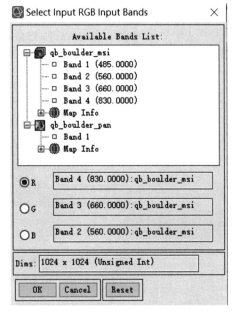

图 6-33　RGB 彩色合成输入设置

③ 高分辨率影像设置。

多光谱彩色合成影像参数设置完成后,弹出高分辨率影像参数设置,选择全色波段影像(qb_boulder_pan → band1),单击【OK】按钮完成设置(图 6-34),弹出重采样方式和保存设置对话框:

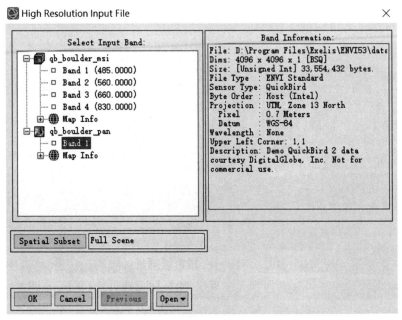

图 6-34　高分辨率影像参数设置

④ 重采样和存储设置。

ENVI 提供了最邻近（Nearest Neighbor）、双线性（Bilinear）和三次卷积（Cubic Convolution）三种重采样方法，本实验选择【Cubic Convolution】（三次卷积）。【Enter Output Filename】（键入输出文件名）设置为"Quickbird_brovey. img"（图 6 - 35），单击【OK】按钮，执行 Brovey 变换。

图 6 - 35　影像重采样和输出设置

⑤ 输出结果。

融合前后影像效果对比，如图 6 - 36 所示。根据实验结果，相对原始的多光谱彩色影像和全色波段影像，Brovey 变换融合后的影像不仅包含了多光谱彩色影像的颜色特征，还融合了全色波段影像较高分辨率的优势。

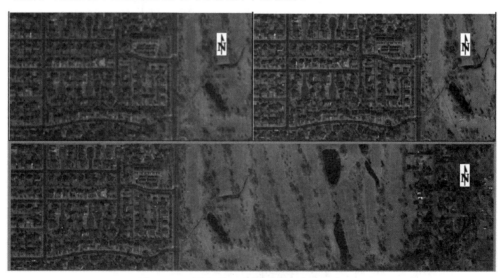

图 6 - 36　融合前（上）与融合后（下）图像对比

6. 遥感影像的裁剪和镶嵌

遥感应用中,常常只对遥感影像中特定范围内的信息感兴趣,这就需要将遥感影像裁剪为研究范围的影像子集。遥感图像裁剪是指将原始的遥感图像按照感兴趣区域进行切割而只保留所需部分。图像镶嵌也叫图像拼接,是将两幅或多幅遥感影像拼在一起,构成一幅整体图像的技术过程,以满足宽幅图像的应用需求。

(1) 图像裁剪。

① ENVI 中打开前述大气校正输出的遥感影像文件"Landsat5_flaash_2011. hdr"和研究区域范围文件"ROI. shp",并加载在视图中,如图6-37所示。

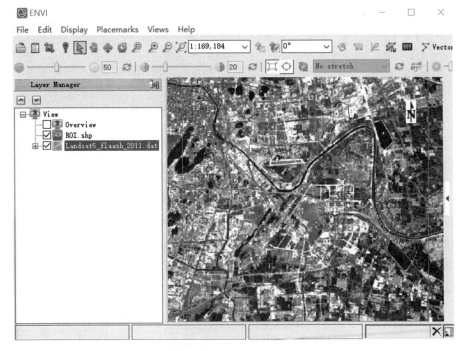

图6-37　影像和矢量边界文件加载

② 依次打开【Toolbox】(工具箱)→【Regions of Interest】(感兴趣区)→【Subset Data from ROIs】(从ROIs来获取数据子集)工具,在弹出的窗口中选择 Landsat 5 卫星影像数据文件"Landsat5_flaash_2011. dat"(图6-38),单击【OK】按钮,弹出 Spatial Subset via ROI Parameters(利用 ROI 提取空间子集)参数设置窗口(图6-39)。

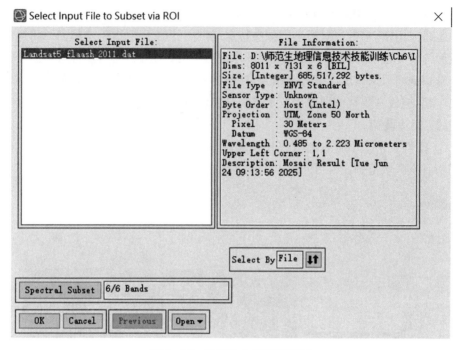

图 6 - 38　数据输入设置对话框

　　③ Spatial Subset via ROI Parameters 参数设置窗口中,【Select Input ROIs】(选择输入的 ROIs)选项选择"EVF:ROI. shp",【Mask pixels outside of ROI】(感兴趣区以外的像元设置掩膜)选项设置为"Yes",【Mask Background Value】(掩膜裁剪背景值)设置为 0,输出文件名设置为"ROI_Landsat5_flaash_2011. dat"(图 6 - 39),单击【OK】按钮执行裁剪。

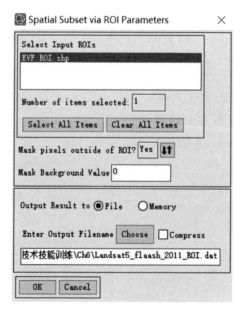

图 6 - 39　裁剪参数设置对话框

④ 此时裁剪输出的结果背景值为 0,图像呈现黑色背景,需要通过【Edit ENVI Header】(编辑 ENVI 头文件)工具下的【Edit Attributes】(编辑属性)参数将黑色背景修改为透明显示。

首先,依次打开【Toolbox】(工具箱)→【Raster Management】(栅格管理)→【Edit ENVI Header】(编辑 ENVI 头文件),打开 File Selection(文件选择)窗口,选择卫星影像数据文件"Landsat5_flaash_2011.dat",弹出 Set Raster Metadata 对话框(图 6-40)。其次,在新打开的窗口点击【Add Metadata Item】(添加元数据项)下的【Data Ignore Value】(数据忽略值);最后,在打开的窗口中点击【Edit Attributes】(编辑属性)下的【Data Ignore Value】(数据忽略值),将其设置为 0(图 6-41)。单击【OK】按钮,最终输出结果如图 6-42 所示。

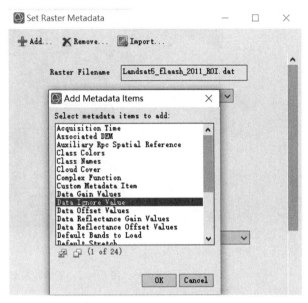

图 6-40 栅格元数据编辑对话框

6

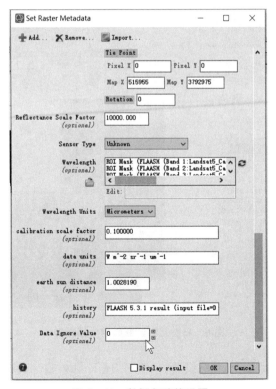

图 6-41 数据忽略值设置

图 6-42 图像裁剪结果

（2）图像镶嵌。

① ENVI 中打开影像文件"mosaic1. hdr"和"mosaic2. hdr"，加载完成后如图 6-43 所示：

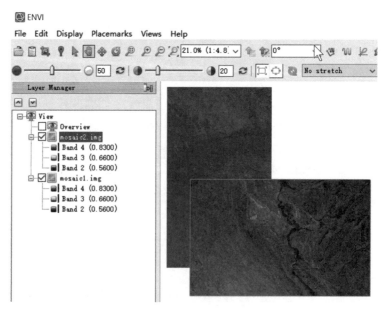

图 6-43 图像镶嵌前的两幅影像

② Seamless Mosaic 主参数设置：依次打开【Toolbox】(工具箱)→【Mosaicking】

（镶嵌）→【Seamless Mosaic】(无缝镶嵌)，弹出 Seamless Mosaic 对话框。单击绿色加号按钮，选中待镶嵌的两幅图像，单击【OK】确定选中。若处理影像有背景值及显示黑色，则可以在【Main】选项卡中将【Data Ignore value】选项设置为 0，从而忽略黑色背景(图 6 - 44)。

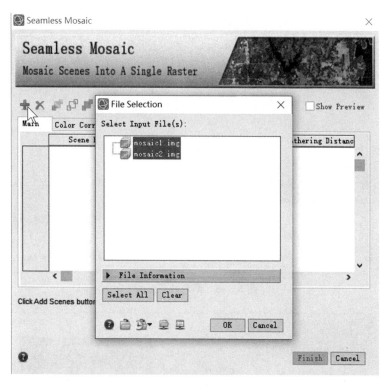

图 6 - 44　镶嵌数据输入

③ 颜色校正设置：单击【Color Correction】(色彩校正)选项卡，选中【Histogram Matching】(直方图匹配)选项复选框，选择使用直方图匹配方法实现颜色校正，选中【Entire Scene】(整景影像)单选按钮，即本实验通过统计整幅图像的直方图进行匹配(图 6 - 45)。备注：【Overlap Area Only】单选项是仅统计重叠区直方图进行匹配。

④ 接边线和羽化设置：单击【Seamlines】选项，选择【Auto Create Seamlines】(自动生成接边线)。ENVI 在【Seamlines/Feathering】→【Feathering】选项卡内可以选择是【Edge Feathering】(边缘羽化)或【Seamline Feathering】(接边线羽化)。对于本实验中的 Seamlines 参数，选中【Apply Seamlines】复选按钮，设置运用接边线；羽化设置中，【Feathering】选项选中【Seamlines Feathering】(接边线羽化)单选按钮(图 6 - 46)。

图 6 - 45　颜色校正设置

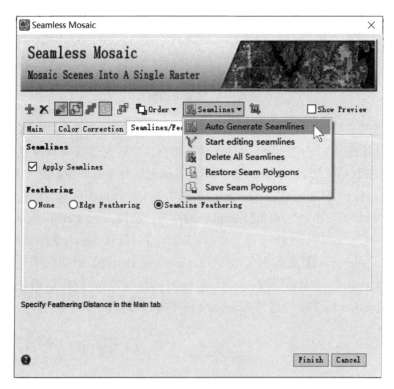

图 6 - 46　接边线设置

⑤ 切换返回【Main】选项卡,在【Feathering Distance】(羽化距离)列表中设置羽化距离(单位:像元)。实际应用过程中如果边缘或者接边线附近图像青光现象较为明显,建议设置更大值。本实验中羽化距离设置为 500 个像元(图 6－47)。

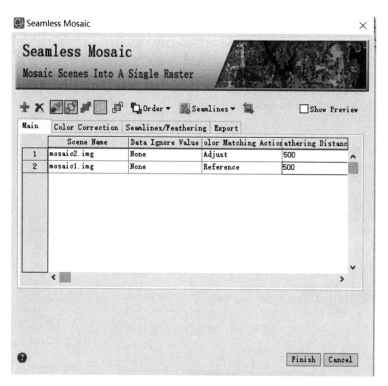

图 6－47　主要参数设置

⑥ 【Export】(导出)选项卡中,设置【Output Format】(输出格式)为"ENVI",【Output Filename】(输出文件名)设置为"mosaic_result. dat",【Resampling Method】(重采样方法)设置为"Cubic Convolution"(三次卷积)(图 6－48),其他参数保持缺省值,单击【Finish】按钮输出镶嵌后的影像效果(图 6－49)。

6

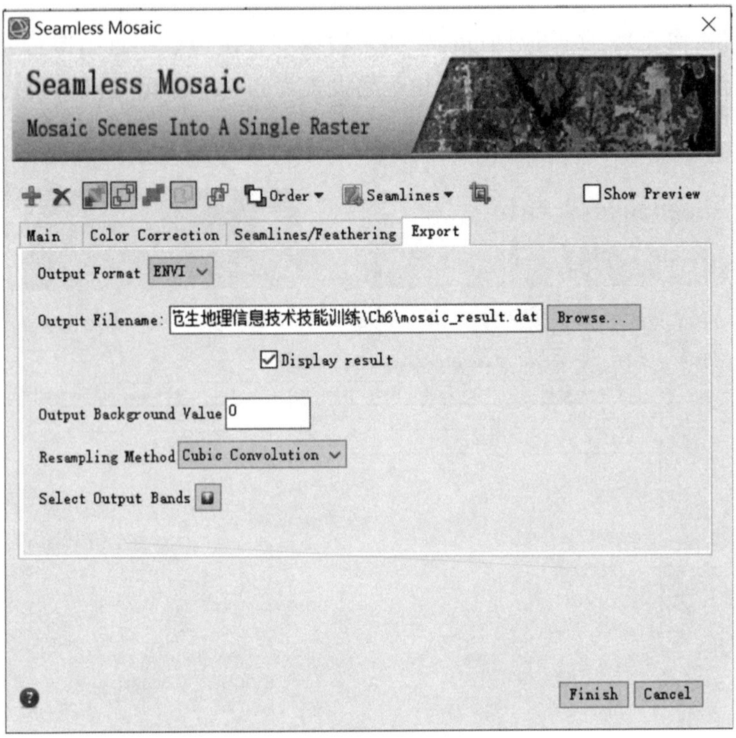

图 6 - 48　输出参数设置对话框

图 6 - 49　图像镶嵌结果

第七章
ENVI软件应用

第一节　遥感影像信息提取

　　遥感影像上目标地物的特征是地物电磁辐射差异的典型反映。因而,遥感影像本质上是通过亮度值或像元值大小(反映地物的光谱信息)及空间变化(反映地物的空间信息)来表示不同地物的差异,这是区分影像中不同地物的物理基础。遥感影像信息提取是利用人工目视或通过计算机对遥感影像中各类地物的光谱信息和空间信息进行综合分析、比较、推理和判断,最后提取感兴趣的信息。常见的遥感影像信息提取方法包括人工目视解译、基于光谱的计算机分类、基于专家知识的决策树分类等。

一、人工目视解译

　　目视解译,又称目视判读,是指判读者通过直接观察或借助判读仪器(放大镜、立体镜、密度分割仪和彩色合成仪等)研究地物在遥感图像上反映的各种影像特征,并通过地物间的相互关系推理分析,达到识别地物信息的过程。通常,目标地物的影像特征可以概括为三大类:色(色调、颜色和阴影)、形(形状、纹理、大小、图案)、位(目标地物分布的空间位置、相关布局)。图像解译时,通常把图像中目标物的大小、形状、阴影、颜色、纹理、图案、空间位置及相关布局称之为解译的八要素。人工目视解译的任务就是从图像上认识和辨别影像与地物的对应关系,对地物目标进行判断、归类,圈定和赋予属性代码,或用符号、颜色表示其属性值。

　　影像解译时,需要根据上述目标地物的影像特征建立遥感解译标志。遥感图像的判读标志分为直接判读标志和间接判读标志。直接判读标志是指能够直接反映和表现目标地物信息的遥感图像的各种特征,它包括遥感图像上的色调、色彩、大小、形状、阴影、纹理、图形和位置等;而间接判读标志主要有目标地物与其相关指示特征,目标地物与环境的关系,目标地物与成像时间的关系等。

　　数据源的选择对人工解译效果具有较大影响。通常,数据源的选择需要考虑的因素非常多,包括空间分辨率、成像时间、波谱分辨率、价格等。另外,图像解译中往往以相关的专业知识和经验为主导,图像处理为辅助。

二、计算机分类

根据分类前是否需要获得训练样本先验信息将计算机分类分成两大类:监督分类和非监督分类。

(一) 监督分类

监督分类的步骤一般包括:首先,提取一定数量的样本信息;其次,在样本类别已知的情况下,从训练集出发得出各个类别的统计信息;然后,根据这些统计信息结合一定的判别准则对所有像元进行判别处理,使具有相似特征并满足同一判别准则的像元归并为一类。常见的监督分类方法包括最小距离法、最大似然法、马氏距离法、支持向量机、平行六面体等。

利用 ENVI 开展遥感影像的监督分类,首先要建立感兴趣区,用户再根据实际问题需要,选择最小距离法、最大似然法等多种分类方法进行分类。

1. 建立感兴趣区

(1) 打开主菜单栏【File】(文件)→【Open】(打开),加载待分类影像"Landsat5_flaash_2001_ROI.dat"。右键单击影像,选择【Change RGB Bands…】(改变波段显示……),设置显示方式为标准假彩色合成(图 7-1)。

(2) 在 Layer Manager 窗口右键单击"Landsat5_flaash_2001_ROI.dat",选择【New Region of Interest】(新建感兴趣区)选项,打开 Region Of Interest (ROI) Tool 对话框(图 7-1)。

(3) 单击 Region Of Interest (ROI) Tool 窗口工具条中的【New ROI】(新建 ROI)工具,将 ROI Name 设置为"Agricultural lands",Geometry 选项卡中选择"Polygon"方式来采集感兴趣区,鼠标左键单击影像中的红色植被区域,右键菜单选中【Complete and Accept Polygon】(完成和接受多边形)。相似地,采集其他红色植被区域。

(4) 同样方法,采集建立"Urban lands""Forest lands""Grass lands""Water"和"Unused lands"的感兴趣区(图 7-1)。

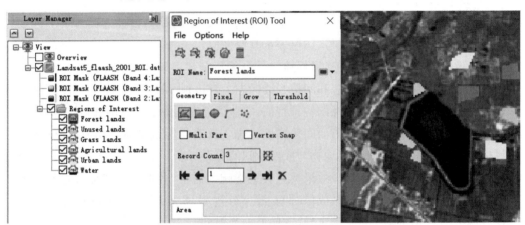

图 7-1 感兴趣区建立

2. 最小距离法(Minimum Distance)分类

(1) 依次打开【Toolbox】(工具箱)→【Classification】(分类)→【Supervised】(监督)→【Minimum Distance Classification】(最小距离法分类),在"Classification Input File"(分类输入文件)对话框中选择待分类的 Landsat TM 图像"Landsat5_flaash_2001_ROI.dat",单击【OK】按钮,弹出【Minimum Distance Parameters】(最小距离参数)参数设置对话框(图7-2)。

(2) 【Select Classes from Regions】(从区域选择类别)中,单击【Select All Items】(选择所有条目)按钮,选择全部的训练样本。

(3) 设置分类结果的输出路径,文件名设置为 Landsat5_flaash_2001_ROI_MinDistance.img。

(4) 设置【Output Rule Images】(输出规则影像)为"No",其他参数保持默认。

(5) 单击【OK】按钮执行分类。

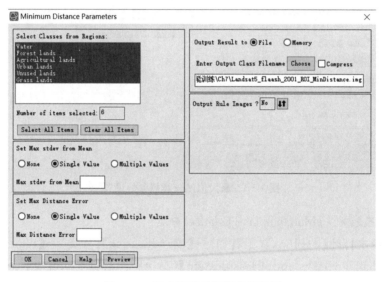

图7-2 最小距离分类器参数设置

3. 最大似然法(Maximum Likelihood)分类

(1) 依次打开【Toolbox】(工具箱)→【Classification】(分类)→【Supervised】(监督)→【Maximum Likelihood Classification】(最大似然法分类),在文件输入对话框中选择待分类的 Landsat 5 TM 图像"Landsat5_flaash_2001_ROI.dat"。单击【OK】按钮,打开【Maximum Likelihood Parameters】(最大似然参数)设置对话框。

(2) 【Select Classes from Regions】(从区域中选择类别):单击【Select All Items】按钮,选择全部的训练样本。

(3) 【Set Probability Threshold】:设置似然度的阈值。如果选择【Single Value】,则在"Probability Threshold"文本框中,输入一个 0~1 的值,似然度小于该阈值则不被分入该类。本实验选择"None"。

（4）【Data Scale Factor】:输入一个数据比例系数,用于将整型反射率或辐射率数据转化为浮点型数据。例如,如果反射率数据为 0～10 000,则设定的比例系数就为 10 000。对于没有定标的整型数据,也就是原始 DN 值将比例系数设为 2^n-1,n 为数据的比特数。例如,对于 8-bit 数据,设定的比例系数为 255;对于 10-bit 数据,设定的比例系数为 1023;对于 11-bit 数据,设定的比例系数为 2 047。

（5）【Enter Output Class Filename】（键入输出分类结果文件名）设置为 Landsat5_flaash_2001_ROI_MaxLikelihood. img。

（6）【Output Rule Images】（输出规则影像）设置为"No"。

（7）详细参数设置如图 7 - 3 所示。单击【OK】按钮执行分类。

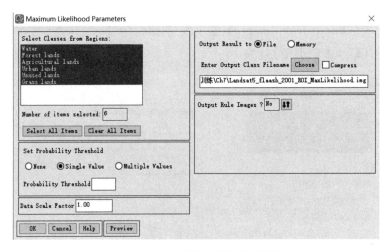

图 7 - 3　最大似然分类器参数设置

4. 马氏距离法（Mahalanobis Distance）分类

（1）依次打开【Toolbox】（工具箱）→【Classification】（分类）→【Supervised】（监督）→【Mahalanobis Distance Classification】（马氏距离法分类）,在文件输入对话框中选择待分类的 Landsat 5 TM 图像"Landsat5_flaash_2001_ROI. dat"。单击【OK】按钮,打开【Mahalanobis Distance】参数设置对话框。

（2）【Select Classes from Regions】（从区域选择类别）:单击【Select Al Items】（选择所有条目）按钮,选择全部的训练样本。

（3）【Output Rule Images】（输出规则影像）设置为"No",设置不用输出分类规则图像。

（4）【Enter Output Class Filename】（键入输出分类结果文件名）设置为 Landsat5_flaash_2001_ROI_Mahalanobis. img。

（5）详细参数设置如图 7 - 4 所示。单击【OK】按钮执行分类。

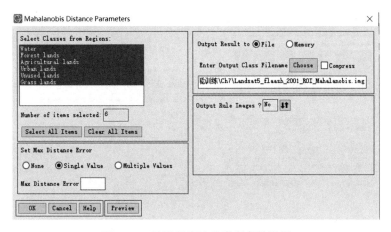

图 7-4　马氏距离法分类器参数设置

5. 支持向量机(Support Vector Machine)分类

(1) 依次打开【Toolbox】(工具箱)→【Classification】(分类)→【Supervised】(监督)→【Support Vector Machine Classification】(支持向量机分类),在文件输入对话框中选择待分类的 Landsat 5 TM 图像"Landsat5_flaash_2001_ROI. dat"。单击【OK】按钮打开 Support Vector Machine Classification 参数设置对话框。

(2)【Kernel Type】(核函数类型)下拉列表中提供的核函数包括:Linear(线性)、Polynomial(多项式)、Radial Basis Function(径向基函数)以及 Sigmoid(Sigmoid 函数)几种类型。本实验选择"Radial Basis Function(径向基函数)",各项参数采用缺省值。

(3)【Penalty Parameter】(补偿参数):控制样本错误与分类刚性延伸之间的平衡,缺省值是 100。

(4)【Pyramid Levels】(图像金字塔级别):设置图像分级处理等级,用于 SVM 训练和分类处理过程。如果这个值设置为 0,将以原始分辨率处理,其最大值随着图像的大小而改变。

(5)【Classification Probability Threshold】(分类概率阈值):如果一个像元计算得到所有的规则概率小于该值,该像元将不被分类;该值范围是 0~1,默认是 0。

(6)【Enter Output Class Filename】(键入输出类别文件名):Landsat5_flaash_2001_ROI_SVM. img。

(7)【Output Rule Images】(输出规则影像)为"No",选择不输出分类规则图像。

(8) 详细参数设置如图 7-5 所示。单击【OK】按钮执行分类。

7

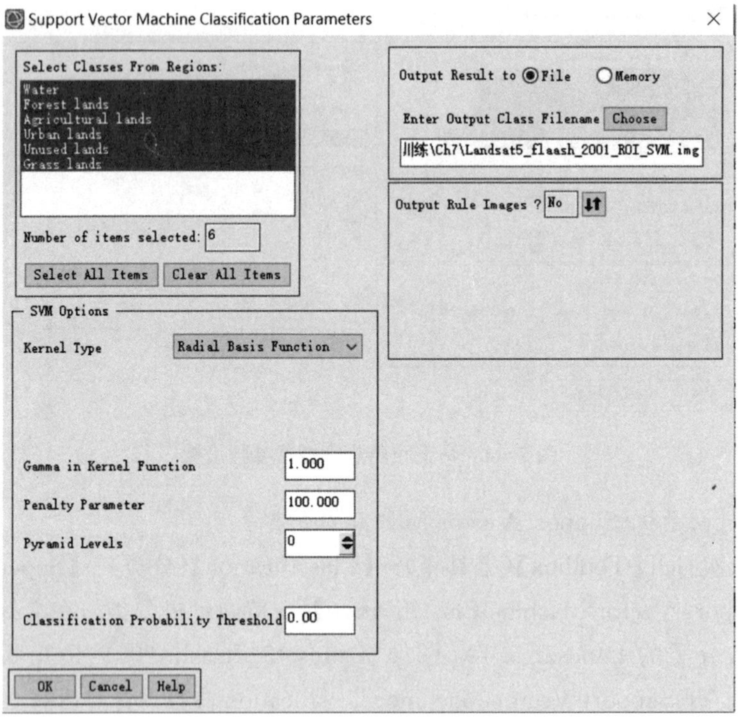

图 7-5　支持向量机分类器参数设置

6. 平行六面体分类(Parallelepiped Classification)

(1) 依次打开【Toolbox】(工具箱)→【Classification】(分类)→【Supervised】(监督)→【Parallelepiped Classification】(平行六面体分类),在文件输入对话框中选择待分类的 Landsat 5 TM 图像"Landsat5_flaash_2001_ROI. dat",单击【OK】按钮,打开 Parallelepiped 参数设置对话框。

(2) 【Select Classes from Regions】(从区域选择类别):单击【Select All Items】(选择所有项目)按钮,选择全部的训练样本。

(3) 【Set Max stdev from Mean】:设置标准差阈值。有三种类型:① None,不设置标准差阈值;② Single Value,为所有类别设置一个标准差值;③ Multiple Values,分别为每一个类别设置一个标准差阈值。选择 Single Value,值为 3。

(4) 【Output Rule Images】(输出规则影像)设置为"No",选择不输出分类规则图像。

(5) 【Enter Output Class Filename】(键入输出类别文件名):Landsat5_flaash_ 2001_ROI_Parallelepiped. img。

(6) 详细参数设置如图 7-6 所示。单击【OK】按钮执行分类。

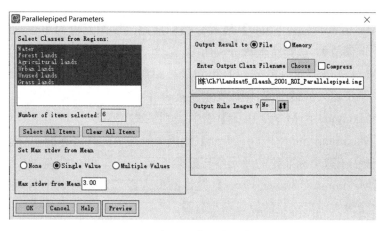

图7-6　平行六面体分类器参数设置

（二）非监督分类

非监督分类也称聚类分析，是指事先对分类过程不施加任何的先验知识，而仅凭遥感影像中地物光谱特征的分布规律，运用自然聚类的特性让机器进行自学习并进行分类。非监督分类以集群为理论基础，通过计算机对图像进行聚类统计分析，是模式识别的一种方法。与监督分类相比，非监督分类是在没有先验知识的情况下，通过计算机采用一定的聚类算法自动对图像进行聚类统计分析的方法，常见的非监督分类方法包括 ISODATA、K-Means 算法等。

1. ISODATA

（1）打开主菜单栏【File】→【Open】，加载待分类影像"Landsat5_flaash_2001_ROI. dat"。

（2）依次打开【Toolbox】（工具箱）→【Classification】（分类）→【Unsupervised】（非监督分类）→【IsoData Classification】（IsoData 分类），在【Classification Input File】（分类输入文件）对话框中，选择待分类的 Landsat 5 TM 图像文件"Landsat5_flaash_2001_ROI_ISODATA. img"，单击【OK】按钮，打开【ISODATA Parameters】（ISODATA 参数）对话框。

（3）【Number of Classes】（类别数量）：一般输入最小数量不能小于最终分类数量，最大数量为最终分类数量的 2～3 倍。本实验中最小值（Min）设置为 3，最大值（Max）设置 5。

（4）【Maximum Iterations】（最大迭代次数）：迭代次数越多，得到的结果越准确，计算机运算时间也越长。

（5）【Change Threshold】（变化阈值）：当每一类的变化像元数小于阈值时，结束迭代过程。这个值越小得到的结果越准确，计算机运算量也越大。

（6）【Minimun ♯Pixel in Class】（类最小像元数）：聚成一类所需最少像元数的控制参数。如果某一类中的像元数小于最少像元数，该类将被删除，其中的像元会被归并到距离最近的类中。

（7）【Maximum Class Stdev】（最大分类标准差）：以像元值为单位，如果某一类的标准差比该阈值大，该类将被拆分成两类。

（8）【Minimum Class Distance】（类间最小距离）：以像元值为单位，如果类均值之间的距离小于输入的最小值，则该类别将被合并。

（9）【Maximum ♯ Merge Pairs】（合并类别最大值）：2。

（10）【Maximum Stdev From Mean】（距离类别均值的最大标准差）：这个为可选项，用于筛选小于这个标准差的像元参与分类。

（11）【Maximum Distance Error】（允许的最大距离误差）：这个为可选项，用于筛选小于这个最大距离误差的像元参与分类。

（12）【Enter Output Class Filename】（键入输出类别文件名）：设置为"Landsat5_flaash_2001_ROI_ISODATA.img"。

（13）详细参数设置如图 7-7 所示。单击【OK】按钮，执行 ISODATA 非监督分类。

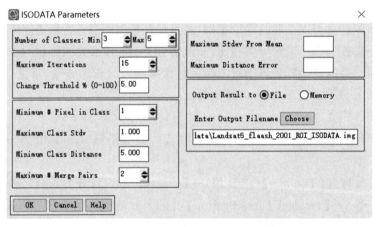

图 7-7 ISODATA 分类器参数设置

2. K-Means 分类

（1）依次打开【Toolbox】（工具箱）→【Classification】（分类）→【Unsupervised】（非监督分类）→【K-Means Classification】（K-Means 分类），在【Classification Input File】（分类输入文件）对话框中，选择待分类的 Landsat 5 TM 图像文件"Landsat5_flaash_2001_ROI.dat"，单击【OK】按钮，打开【K-Means Parameters】（K-Means 参数）对话框。

（2）【Number of Classes】（分类数量）：5。一般为最终输出分类数量的 2～3 倍。

（3）【Maximum Iterations】（最大迭代次数）：15。迭代次数越大，得到的结果越准确，运算时间也越长。

（4）【Maximum Stdev From Mean】（距离类别均值的最大标准差），这个为可选

项,用于筛选小于这个标准差的像元参与分类。

(5)【Maximum Distance Error】(允许的最大距离误差),这个为可选项,用于筛选小于这个最大距离误差的像元参与分类。

(6)【Enter Output Class Filename】(键入输出类别文件名):设置为 Landsat5_flaash_2001_ROI_KMeans. img。

(7)详细参数设置如图 7-8 所示。单击【OK】按钮,执行 K-Means 非监督分类。

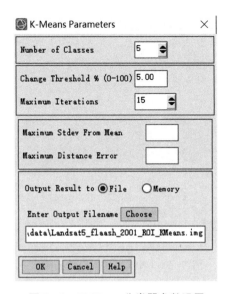

图 7-8　K-Means 分类器参数设置

三、决策树分类

决策树算法属于树形结构的分类预测模型,其由代表属性或特征的根节点、内部节点以及代表类别属性的叶子节点等组成。除此之外决策树还可以表示一组 IF-THEN 形式的产生式规则,每条规则代表由根节点到叶子节点的路径。决策树分类最早产生于 20 世纪 60 年代,该方法首先进行数据处理,再利用归纳算法生成可读的规则和决策树,在此基础上,利用决策树对新数据进行分析。本质上决策树分类是通过生成一系列规则对数据进行分类的过程。

ENVI 中的决策树用基于规则表达式的二叉树来表达。每个规则表达式可形成二叉树结构,分别生成对应的单波段结果。下面介绍在 ENVI 下利用决策树进行分类的过程。

1. 打开决策树分类器

(1)打开主菜单栏【File】(文件)→【Open】(打开),加载待分类影像"boulder_tm. hdr"和 DEM 数据"boulder_dem. hdr"。

(2)依次打开【Toolbox】(工具箱)→【Classification】(分类)→【Decision Tree】

（决策树）→【New Decision Tree】（新建决策树），打开 ENVI Decision Tree 窗口，默认包含一个决策树节点和两个类别（分支）（图 7 - 9）。

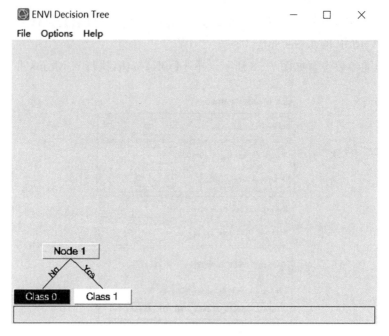

图 7 - 9 ENVI 决策树分类器窗口

ENVI Decision Tree 窗口菜单命令及功能说明见表 7 - 1。

表 7 - 1 决策树窗口的菜单命令及功能

主菜单	子菜单命令	功能
File（文件）	New Tree	新建决策树
	Save Tree	保存决策树文件
	Restore Tree	打开已有决策树文件
Options（选项）	Rotate View	决策树视图水平/垂直切换
	Zoom In	决策树视图放大
	Zoom Out	决策树视图缩小
	Assign Default Class Values	分配缺省的类别属性
	Show(Hide) Variable/File Pairings	显示（隐藏）变量/文件对编辑窗口
	Change Output Parameters	更改输出参数
	Execute	执行决策树
Help（帮助）	Decision Tree	决策树工具帮助系统

2. 构建决策树

（1）ENVI Decision Tree 显示窗口中，单击【Node 1】，打开"Edit Decision Properties"（决策器节点属性）对话框（图 7 - 10）。

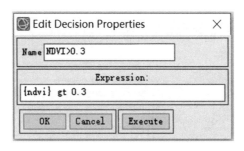

图 7 - 10　节点属性编辑参数设置

（2）【Name】（节点名称）设置为：NDVI>0.3。

（3）【Expression】（规则表达式）设置为：{ndvi} gt 0.3。

（4）单击【OK】按钮，打开 Variable/File Pairings（变量/文件对）对话框（图 7 - 11），单击左边列表中的{ndvi}变量，在弹出的文件选择对话框中选择 TM 图像"boulder_tm.hdr"（图 7 - 11）。若图像文件中含有中心波长信息，ENVI 将自动判断在 NDVI 计算中需要哪一个波段；若图像在所选的头文件中没有包含中心波长信息，ENVI 会提示用户选择 NDVI 计算中所需的红波段和近红外波段所对应的影像数据，单击【OK】按钮。

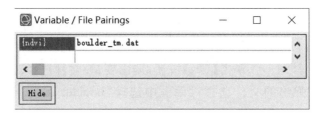

图 7 - 11　节点变量和对应文件设置

ENVI 决策树分类器中的变量是指某个波段的数据或作用于数据的一个特定函数。变量名必须包含在大括号中，即{变量名}；或者命名为 bx，表示某一个波段。常见的 ENVI 决策树分类器变量及其作用如表 7 - 2 所示：

表 7 - 2　ENVI 决策树分类器变量及其作用

变量名称	aspect	ascap[n]	ndvi	slope	pc[n]
变量作用	计算坡向	穗帽变换，n 表示获取的是哪个分量	计算归一化植被指数	计算坡度	主成分分析，n 表示获取的是哪个分量

（5）第一个节点表达式设置完成，根据 NDVI>0.3 成立与否划分为两部分（本例中分成植被覆盖区与无植被区），继续添加第二层节点；鼠标右键单击【Class 0】，从快捷菜单中选择【Add Children】，ENVI 自动在 Class 0 下创建两个新的类（Class 2 和 Class 3）；单击空白的节点（原 Class 0 节点），调出节点属性编辑窗口【Edit Decision Properties】；填写【Name】（节点名称）为 0<b4<20；节点表达式【Expression】设置

为：b4 gt 0 and b4 lt 20（图 7 - 12）。单击【OK】按钮，调出变量/文件选择对话框（Variable/File Pairings），在弹出的文件选择对话框中选择"boulder_tm. dat"数据的第 4 波段赋值给{b4}变量。

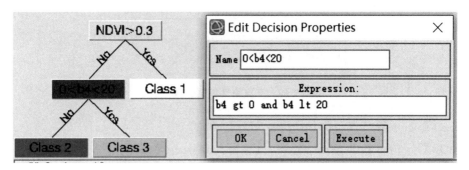

图 7 - 12　Edit Decision Properties 参数设置

（6）右键单击 Class 2 和 Class 3，选择【Edit Properties】（编辑属性），弹出 Edit Class Properties 窗口，分别设置其类名为："bare land"和"water"，分别设置显示颜色为 Cyan 和 Blue。

（7）鼠标右键单击【Class 1】，从快捷菜单中选择【Add Children】（添加子结点），ENVI 自动在 Class 1 下创建两个新的类（Class 1 和 Class 4）；单击空白的节点（原 Class 1 节点），调出节点属性编辑窗口【Edit Decision Properties】（编辑决策节点属性）；填写【Name】（节点名称）为 slope＜20；【Expression】（节点表达式）设置为：{slope} lt 20（图 7 - 13）。单击【OK】按钮，调出变量/文件选择对话框（Variable/File Pairings），在弹出的文件选择对话框中选择"boulder_dem. dat"数据赋值给{slope}变量。

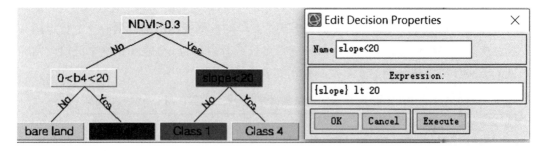

图 7 - 13　Edit Decision Properties 参数设置

（8）右键单击 Class 1 和 Class 4，选择【Edit Properties】（编辑属性），弹出 Edit Class Properties（编辑类属性）窗口，分别设置其类名为："Veg1"和"Veg2"，分别设置显示颜色为 Green 和 Sea Green（图 7 - 14）。

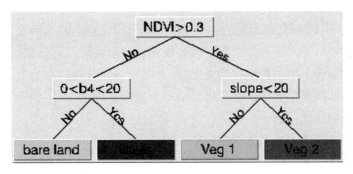

图 7 - 14　决策树设计结果

3. 执行决策树

（1）在 ENVI 决策树分类主窗口的菜单栏中，依次选择【Options】（选项）→【Execute】（执行），打开【Decision Tree Execution Parameters】（决策树执行参数）对话框。

（2）在【Decision Tree Execution Parameters】对话框中，选择其中一个文件作为输出分类结果的基准。分类结果的地图投影、像元大小和范围都将被调整，以匹配该基准图像。

（3）从【Nearest Neighbor】（最邻近）、【Bilinear】（双线性）和【Cubic Convolution】（三次卷积）三种重采样方法中选择一种重采样方法。本实验选择【Nearest Neighbor】（最邻近方法）。

（4）设置分类结果的输出路径及文件名，单击【OK】按钮，执行决策树分类。

第二节　遥感影像动态监测

一、图像直接比较法

1. 图像直接比较法原理

图像直接比较法是最为常见的遥感动态监测方法，通过对经过配准的两个或多个时相的遥感图像像元值直接进行运算或变换处理，从中找出发生变化的区域。

（1）图像差值/比值法。

图像差值/比值法是将两个时相的遥感图像作相减或相除处理的一种遥感动态监测手段。差值/比值法的原理是：遥感图像中未发生变化的地类在两个时相的遥感图像上一般具有相等或相近的灰度值，而当地类发生变化时，对应位置的灰度值将有较大差别。因此，在差值/比值法图像上发生地类变化位置的像元灰度值会与未发生地类变化的背景值有较大差异，据此可以快速提取发生变化的地物信息。

（2）光谱特征变异法。

通常情况下,同一地物反映在某一时相图像上的信息与其反映在另一时相图像上的光谱信息是一一对应的。当将不同时相的图像进行融合时,如果同一地物在两个时相的遥感影像上的信息呈现出变化,那么对应位置该地物在融合后的图像中的光谱就表现出与其他位置的正常地物光谱有所差别。因而,可以根据发生变异的光谱特征确定地物变化信息。

2. ENVI 图像直接比较工具

ENVI 中的图像直接比较工具主要包括 Change Detection Difference Map(变化监测差别地图)工具和 Image Change Workflow(影像变化工作流)工具。这里以 Change Detection Difference Map 工具为例介绍图像比较法。

（1）依次打开【Toolbox】(工具箱)→【Change Detection】(变化监测)→【Change Detection Difference Map】(变化监测差别地图)工具,在打开的【Select the 'Initial State' Image】(选择初始状态影像)文件选择对话框中,单击选择初始时相的影像波段,单击【OK】按钮;在【Select the 'Final State' Image】(选择最终状态影像)文件选择对话框中,单击选择与初始状态影像波段相对应的最终状态影像波段,单击【OK】按钮,打开【Compute Difference Map Input Parameters】(计算差别地图输入参数)对话框(图 7-15)。

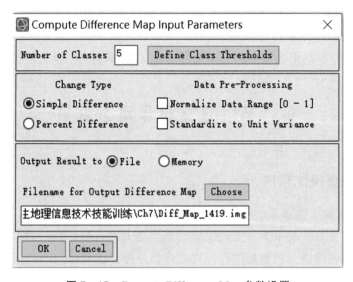

图 7-15　Compute Difference Map 参数设置

（2）【Number of Classes】(分类数量):表示差值分析后分类类别数量。每一类都由一个特定的值定义,代表不同的差异变化量,最小类别数为 2;默认的分类数量是以无变化值(0)为中心,两侧的正值差异和负值差异的类别数相同下的分类数量。单击【Define Class Thresholds】(定义类别阈值)按钮,可以在打开的对话框中(图 7-15)修改类别名称和分类类别阈值(图 7-16)。

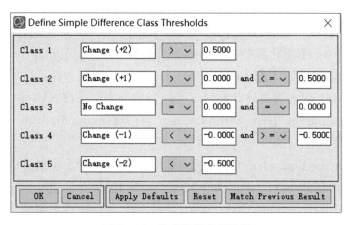

图 7－16 分类阈值参数设置

（3）【Change Type】（图像比较类型）：ENVI 提供了【Simple Difference】（差值）和【Percent Difference】（比值）两种方式。其中，【Simple Difference】选项是"Final State Image"减去"Initial State Image"；而【Percent Difference】选项是用"Simple Difference"结果除以"Initial State Image"。在对图像进行【Simple Differences】运算时，默认的分类值在－1 和 1 之间等分；在对图像进行【Percent Differences】运算时，分类值在－100％和 100％之间等分。

（4）【Data Pre-Processing】（数据预处理）：ENVI 提供了【Normalization Data Range［0，1］】（归一化处理）和【Standardize to Unit Variance】（统一像元值单位）两种数据预处理方法。其中，【Normalization Data Range ［0，1］】方法是用图像的 DN 值减去图像的最小值，然后再除以图像的数据范围，即 Normalization＝$(DN－DN_{min})$／$(DN_{max}－DN_{min})$；而【Standardize to Unit Variance】方法是用图像的 DN 值减去图像均值，然后再除以标准差，即 Standardization＝$(DN－DN_{mean})$／DN_{stdev}。

（5）【Filename for Output Difference Map（输出差别图像文件名）】，单击【OK】按钮，执行 Change Detection Difference Map 图像直接比较处理。

二、分类后比较法

分类后比较法是将经过配准的两个时相遥感影像分别进行遥感分类，然后比较分类结果以得到变化信息。尽管该方法的识别精度依赖于分类时的精度和分类标准的一致性，其在实际应用中仍然非常有效。ENVI 中集成的分类后比较法工具包括 Change Detection Statistics 和 Thematic Change Workflow 工具。Change Detection Statistics 工具是对两幅分类图像进行差异分析，识别出哪些像元发生了变化，输出变化像元数量、变化像元所占百分比及面积统计。同时，输出两个分类图像相应像元变化的空间信息。Thematic Change Workflow 工具主要用于从两幅分类遥感图像识别出发生变化的像元信息，并分析它们之间的差异。

1. Change Detection Statistics 工具

(1) 依次打开【Toolbox】(工具箱)→【Change Detection】(变化监测)→【Change Detection Statistics】(变化监测统计);在打开的【Select the Initial State Image】(选择初始状态影像)对话框和【Select the Final State Image】(选择最终状态影像)对话框中分别选择初始状态和最终状态的 ENVI 遥感分类结果(ENVI 分类栅格格式):"pre_katrina05. hdr"和"post_katrina06. hdr",打开【Define Equivalent Classes】(定义等效类别)对话框。

(2) 在【Define Equivalent Classes】对话框中,如果两个分类名称(像元值)一致,ENVI 系统自动在 Paired Classes(配对类别)中将初始状态类别(Initial State Class)和最终状态类别(Final State Class)对应;否则,需要手动选择对应的分类类别,即在左边列表中选择一个分类类别,在右边也选择对应分类名称,单击【Add Pair】(添加配对)按钮,重复这个步骤,直至所有需要分析的分类类别一一对应(显示在 Paired Classes 列表中),单击【OK】按钮(图 7 - 17)。

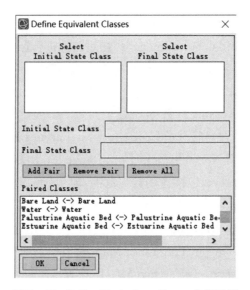

图 7 - 17　Define Equivalent Classes 参数设置

(3) "Change Detection Statistics Output"(变化监测统计输出)窗口中,设置【Report Type】(报告类型)为以下选项:Pixels(像元)、Percent(百分比)和 Area(面积)。【Output Classification Mask Images?】(输出类别掩膜图像?)选择【Yes】,即输出掩膜图像;设置输出路径及文件名,单击【OK】按钮,执行 Change Detection Statistics 分析,计算结果如图 7 - 18 所示。

Change Detection Statistics (Initial State: pre_katrina05.dat, Final State: post_katrina06.dat) — □ ×

File　Options　Help

Pixel Count | Percentage | Area (Square Meters) | Reference

		Initial State				
		Unconsolidated Shore	Bare Land	Water	Palustrine Aquatic Bed	Estuarine Aquatic Bed
	High Intensity Developed	0	0	0	0	0
	Medium Intensity Developed	0	0	0	0	0
	Low Intensity Developed	0	37	0	0	0
	Developed Open Space	0	0	0	0	0
	Cultivated	0	0	0	0	0
	Pasture/Hay	0	0	0	0	0
	Grassland	0	2	0	0	0
	Deciduous Forest	0	0	0	0	0
	Evergreen Forest	0	0	0	0	0
	Mixed Forest	0	0	0	0	0
Final State	Scrub/Shrub	0	0	0	0	0
	Palustrine Forested Wetland	0	46	0	0	0
	Palustrine Scrub/Shrub Wetland	0	0	1	0	0
	Palustrine Emergent Wetland	99	28	1147	67	13
	Estuarine Forested Wetland	0	0	0	0	0
	Estuarine Scrub/Shrub Wetland	0	0	0	0	0
	Estuarine Emergent Wetland	11	41	1541	0	6
	Unconsolidated Shore	112675	256	3855	10	999
	Bare Land	1129	28666	1259	42	72
	Water	26259	7834	15288782	1783	21953
	Palustrine Aquatic Bed	0	0	0	24018	0
	Estuarine Aquatic Bed	545	18	390	3	188590
	Class Total	140718	36928	15296975	25923	211633
	Class Changes	28043	8262	8193	1905	23043
	Image Difference	-22768	-5599	467119	-1905	-21995

图 7 - 18　变化监测统计报表窗口

2. Thematic ChangeWorkflow 工具

（1）依次打开【Toolbox】（工具箱）→【Change Detection】（变化监测）→【Thematic Change Workflow】（专题变化工作流），在弹出的 Thematic Change（专题变化）对话框中，设置【Time1 Classification Image File】（时间 1 的分类影像文件）为"pre_katrina05. dat"，而【Time2 Classification Image File】（时间 2 的分类影像文件）为"post_katrina06. dat"，如图 7 - 19 所示。

图 7 - 19　Thematic Change 数据输入设置

（2）在【Thematic Change】（专题变化）对话框中，选中【Only Include Areas That Have Changed】（仅包含变化区域）复选框和获得变化的区域（图7－20）。单击【Next】按钮。

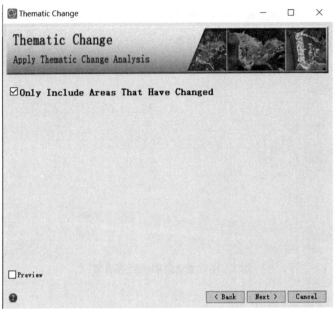

图7－20　Thematic Change数据分析设置

（3）在【Enable Smoothing】（激活平滑）和【Enable Aggregation】（激活聚合）中设置合适的值去除噪声和合并小斑块。本实验选取工具缺省值：平滑核为3，最小聚类值为9（图7－21）。单击【Next】按钮进入下一步。

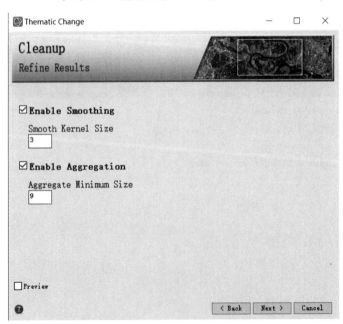

图7－21　Thematic Change数据平滑和聚类设置

（4）在 Thematic Change 对话框中，分别选中【Export Thematic Change Image】（导出专题变化影像）、【Export Thematic Change Vectors】（导出专题变化矢量数据）和【Export Thematic Change Statistics】（导出专题变化统计文件），设置分别将处理结果以栅格图像格式、矢量文件格式及变化统计文件格式输出。

第三节　ENVI 软件应用案例分析

一、实验目的

通过本实验，熟悉 ENVI 软件的界面布局、功能模块和基本操作，包括加载影像、调整影像显示、执行预处理和分析操作等。学会遥感影像获取、预处理、分类等基本原理，深入了解遥感技术在地学、环境科学等领域中的应用。利用 ENVI 软件进行遥感信息提取与分析，掌握不同地物在遥感影像中的特征表现和识别方法，探讨遥感技术在实际问题中的解决方案和局限性。通过设计并完成 ENVI 遥感影像处理与信息提取实验，培养师范生的科学探究、数据分析和问题解决能力，提升实验操作能力和数据处理技能。

二、遥感影像信息提取

本实验以监督分类中的最大似然分类和非监督分类中的 K-Means 分类为例，利用 Landsat 8 OLI 数据，提取图像中的城镇建设用地、林地、农田、草地、水体和未利用地，掌握利用 ENVI 进行影像分类的方法。

1. 数据子集提取

（1）首先，打开经过大气校正后的 Landsat 5 TM 遥感影像"Landsat5_flaash_2011. hdr"和感兴趣区文件"ROI. shp"。

（2）依次打开【Toolbox】（工具箱）→【Regions of Interest】（感兴趣区）→【Subset Data from ROIs】（从 ROIs 来获取数据子集），打开"Spatial Subset via ROI Parameters"（利用 ROI 提取空间子集）对话框，单击选择【Select All Items】（选择所有条目），"Mask pixels outside of ROI"（感兴趣区以外的像元设置掩膜）选择【Yes】选项，【Enter Output Filename】（键入输出文件名）设置为：Landsat5_flaash_2011_ROI. dat，单击【OK】按钮（图 7 - 22），裁剪出待分析区域影像子集。

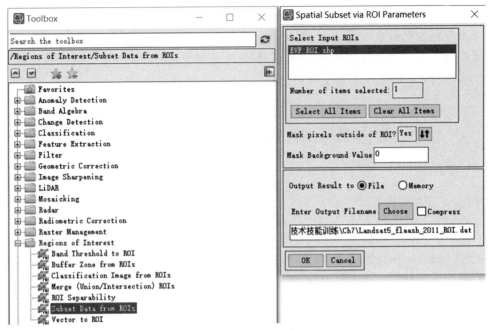

图 7 - 22 利用 ROI 裁剪参数设置

（3）依次打开【Toolbox】（工具箱）→【Raster Management】（栅格管理）→【Edit ENVI Header】（编辑 ENVI 头文件），在新打开的窗口依次点击【Add Metadata Items】（添加元数据项）→【Data Ignore Value】（数据忽略值），单击【OK】修改为忽略背景值参数（图 7 - 23），输出结果如图 7 - 24 所示。

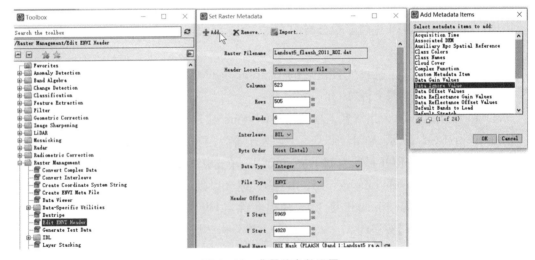

图 7 - 23 背景值参数设置

图 7‑24 待分类图像

2. 非监督分类:K-Means 分类

(1) 依次打开【Toolbox】(工具箱)→【Classification】(分类)→【Unsupervised Classification】(非监督分类)→【K-Means Classification】(K-Means 分类),弹出 "Classification Input File"(分类输入文件)对话框,选择前述结果"Landsat5_flaash_ 2011_ROI. dat"作为数据输入,【Mask Options】(掩膜选项)设置为【Mask Data Ignore Values (All Bands)】(对所有波段设置数据忽略值掩膜)(图 7‑25(a)),弹出 K-Means Parameters(K-Means 分类参数)对话框(图 7‑25(b))。

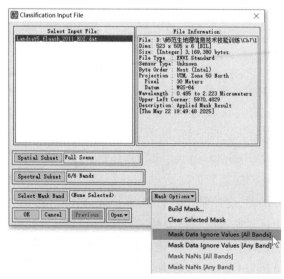

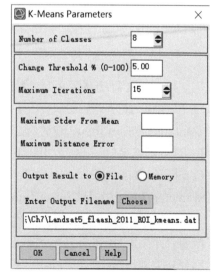

(a) KMeans 分类掩膜参数设置   (b) KMeans 分类主要参数设置

图 7‑25 KMeans 分类参数设置

（2）K-Means Parameters(K-Means 参数)对话框中,【Number of Classes】(类别数量)设置 8 类,【Maximum Iterations】(最大迭代次数)设置为 15,【Enter Output Filename】(键入输出文件名)设置为"Landsat5_flaash_2011_ROI_kmeans. dat",其他参数设置为软件缺省值(图 7 - 25(b)),单击【OK】执行 K-Means 分类计算,输出分类结果。

（3）依次单击主菜单【Views】(视图)→【2×2Views】(2×2 视图),ENVI 窗口中分别加载分类结果图像、真彩色合成影像和标准假彩色合成图像。根据影像特征,分别判断各种分类类别和用地类型。右键单击各种类别名称,单击打开【Edit Class Names and Colors】(编辑类名和类别显示颜色),弹出"Edit Class Names and Colors"(编辑类别名称和颜色设置)对话框,修改各种类别名称(图 7 - 26)。

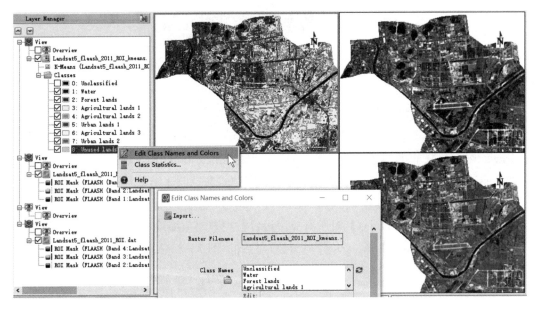

图 7 - 26　编辑类别名和颜色设置

（4）依次打开【Toolbox】(工具箱)→【Classification】(分类)→【Post Classification】(分类后处理)→【Combine Classes】(合并类别)工具。在打开的"Combine Classes Input File"(合并类别输入文件)对话框中,选择前述定义好的 K-Means 分类结果"Landsat5_flaash_2011_ROI_kmeans. dat",单击【OK】按钮,打开"Combine Classes Parameters"(合并类别参数)对话框。在【Combine Classes Parameters】面板中,从"Select Input Class"(选择输入类别)中选择待合并的类别,从"Select Output Class"(选择输出类别)中选择并入的目标类别,单击【Add Combination】(添加合并类别)按钮将其添加到合并方案中,合并方案显示在"Combined Classes"(已合并类别)列表中。另外,在"Combined Classes"(合并类别)列表中单击其中一项,可以移除对应的合并方案(图 7 - 27)。

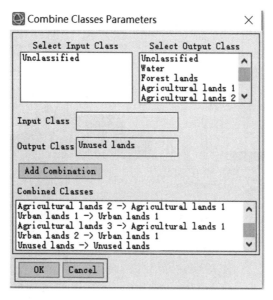

图 7-27 类别合并设置

（5）单击【OK】按钮，打开"Combine Classes Output"（合并类别输出设置）窗口，【Remove Empty Classes】（删除空类别）设置为"Yes"（图 7-28），设置输出文件为：Landsat5_flaash_2011_ROI_kmeans_combine. dat。单击【OK】执行类别合并处理，输出结果如图 7-29 所示。

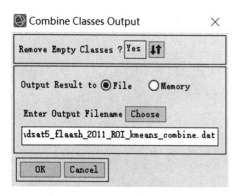

图 7-28 类别合并结果输出设置

图 7-29 K-Means 非监督分类结果

3. 监督分类：最大似然法分类

（1）右键单击打开经过大气校正后的 Landsat5 TM 影像图层文件 Landsat5_flaash_2011_ROI. dat，选择【New Region of Interest】（新建感兴趣区）选项，打开 Region of Interest（ROI）Tool（感兴趣区工具）对话框（图 7-30）。

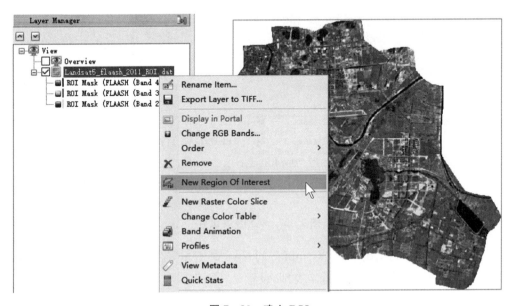

图 7-30　建立 ROI

（2）单击 Region of Interest（ROI）Tool 窗口工具条中的【New ROI】（新建 ROI）工具，将"ROI Name"设置为"Urban lands"，Geometry（几何）选项卡中选择"Polygon"（多边形）方式来采集感兴趣区，单击右键菜单选中【Complete and Accept Polygon】（完成和接受多边形）；相似地，采集其他的城镇建设用地区域；同样方法，采集建立"Agricultural lands"（农田）、"Grass lands"（草地）、"Forest lands"（林地）、"Water"（水域）和"Unused lands"（未利用地）的感兴趣区（图 7-31）。此外需要注意的是，感兴趣区需要用英文命名，防止中文支持问题导致乱码。

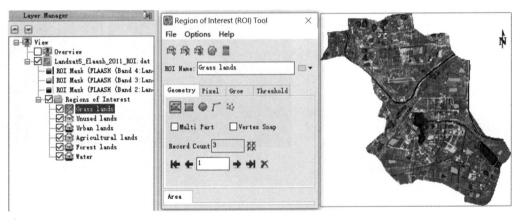

图 7-31　新建 ROI 地物样本

（3）完成 ROI 地物样本采集后，在 Layer Manager 中右键单击【Region of Interest】（感兴趣区），单击选择【Save As…】（另存为……）（图 7 - 32），弹出 Save ROIs to XML（保存 ROI 到 XML 文件）窗口，进一步设置保存文件为：Landsat5_flaash_2011_ROI_samples. xml（图 7 - 33）。

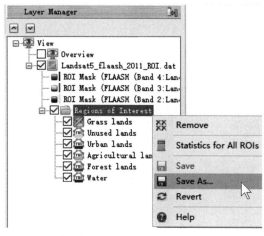

图 7 - 32　ROI 另存为菜单项

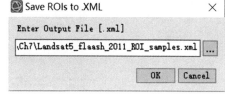

图 7 - 33　保存 ROI 到 XML 文件参数设置

（4）在 ROI 窗口菜单栏依次单击【Options】（选项）→【Compute ROI Separability】（计算 ROI 可分离性），弹出"Choose ROIs"（选择 ROI）窗口，提示选择用于检查的样本类型，从而检查不同地物样本质量情况。本例中选择所有类型样本（图 7 - 34）。单击【OK】，打开 ROI Separability Report（ROI 可分离性报告）窗口。ENVI 中可利用 Jeffries-Matusita、Transformed Divergence 参数表示各个样本类型之间的可分离性，其值在 0～2.0 之间。具体来说，值大于 1.9 说明样本之间可分离性好，属于合格样本；若小于 1.8，需要重新选择样本；若小于 1，则考虑将两类样本合成一类样本，或删除该 ROI（图 7 - 35）。

图 7 - 34　选择分类样本

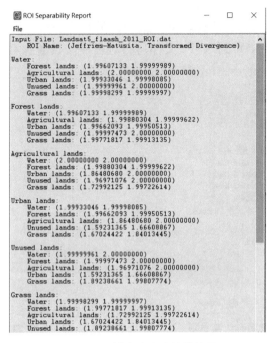

图 7‑35　样本分离度计算结果

（5）依次打开【Toolbox】（工具箱）→【Classification】（分类）→【Supervised Classification】（监督分类）→【Maximum Likelihood Classification】（最大似然法分类），在"Classification Input File"（分类输入文件）窗口中选择"Landsat5_flaash_2011_ROI. dat"作为分类输入文件，选中【Mask Data Ignore Values［All Bands］】（对所有波段设置数据忽略值掩膜）（图 7‑36），单击【OK】弹出"Maximum Likelihood Parameters"（最大似然参数）窗口，选择全部的训练样本，分类结果输出文件名设置为 Landsat5_flaash_2011_ROI_ML. dat，输出分类规则文件设置为 Landsat5_flaash_2011_ROI_ML_Rules. dat，其他参数保持缺省值（图 7‑37），单击【OK】按钮执行分类，分类结果如图 7‑38 所示。

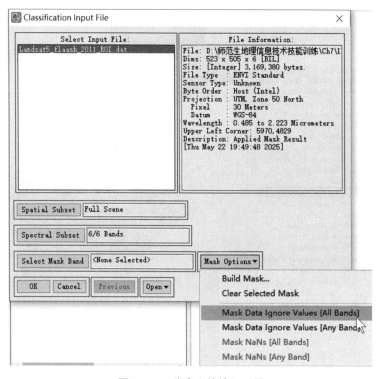

图 7 - 36　分类文件输入设置

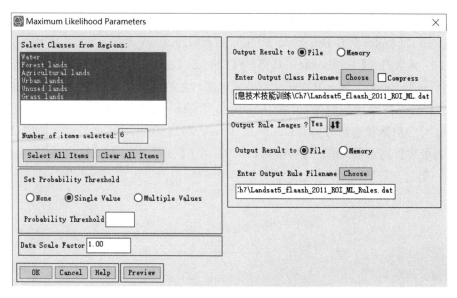

图 7 - 37　最大似然法分类参数设置

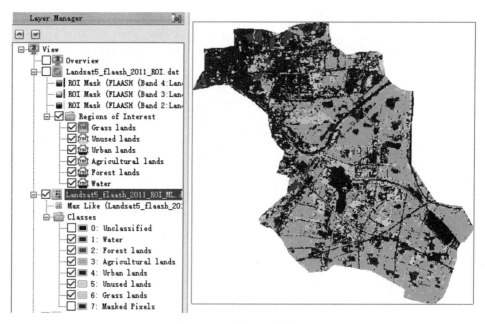

图 7‑38　最大似然法分类结果

三、遥感影像动态监测

1. 直接比较法（Change Detection Difference Map）

（1）加载 Landsat TM 影像。打开前述 2001 年和 2011 年两个时相的遥感影像分类文件："Landsat5_flaash_2001_ROI. hdr"和"Landsat5_flaash_2011_ROI. hdr"。

（2）依次打开【Toolbox】（工具箱）→【Change Detection】（变化监测）→【Change Detection Difference Map】（变化监测差别地图），在打开的【Select the 'Initial State' Image】（选择初始状态影像）设置"Landsat5_flaash_2001_ROI. dat"的近红外波段（Band 4）为初始状态影像，而"Landsat5_flaash_2011_ROI. dat"的近红外波段（Band 4）设为最终状态影像（图 7‑39 和图 7‑40），单击【OK】按钮，打开【Define Equivalent Classes】（定义等效类别）对话框。

7

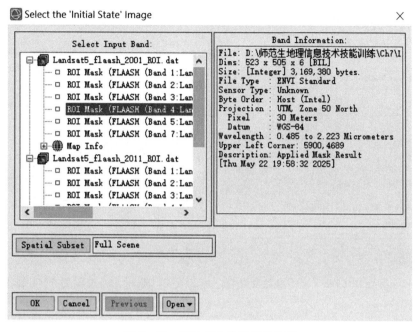

图7-39 初始状态分类影像选择

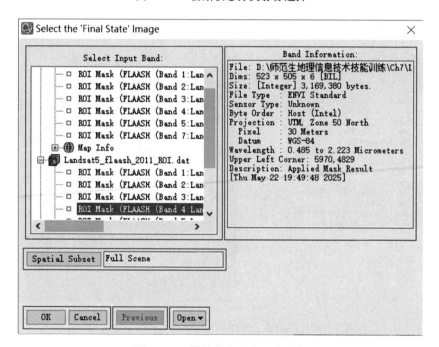

图7-40 最终状态分类影像选择

（3）在打开的"Compute Difference Map Input Parameters"（计算差别地图输入参数）对话框中，设置【Number of Classes】（类别数量）为 7 类，选择【Simple Differences】（简单差值）（图7-41），分类阈值参数如图7-42所示，设置输出文件名

为"Landsat5_flaash_ROI_2001to2011_b4_DiffMap. dat",单击【OK】按钮,输出计算结果(图7－43)。

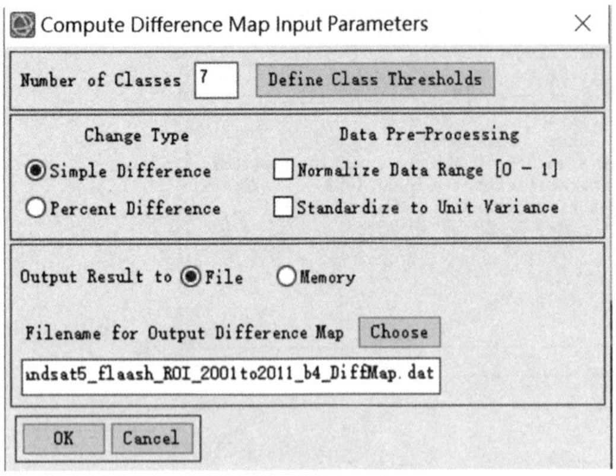

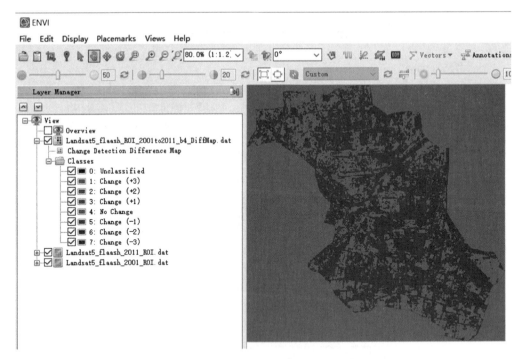

图7－41　Compute Difference Map 参数设置 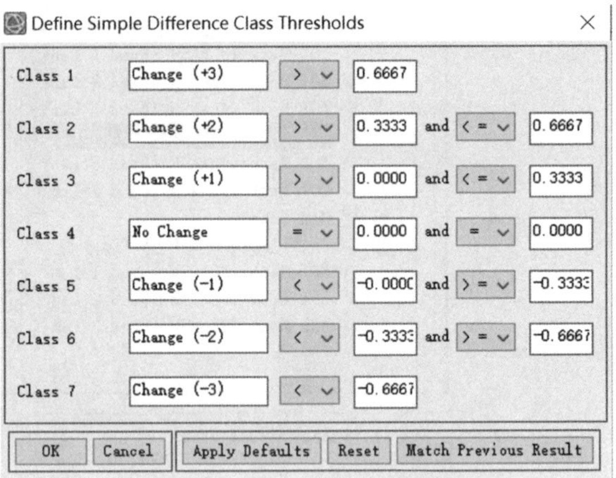　　　　图7－42　分类阈值参数设置

图7－43　Change Detection Difference Map 输出结果

2. 分类后比较法(Change Detection Statistics)

(1) 加载遥感分类后结果影像。

在 ENVI 5.3 中同时打开 2001 年和 2011 年两个时相的遥感影像分类文件:"Landsat5_flaash_2001_ROI_ML. dat"和"Landsat5_flaash_2011_ROI_ML. dat"。

（2）依次打开【Toolbox】（工具箱）→【Change Detection】（变化监测）→【Change Detection Statistics】（变化监测统计），【Select the 'Initial State' Image】（选择初始状态影像）设置"Landsat5_flaash_2001_ROI_ML.dat"为初始状态影像，而设置"Landsat5_flaash_2011_ROI_ML.dat"为最终状态影像（图 7 - 44 和图 7 - 45），单击【OK】按钮，打开【Define Equivalent Classes】（定义等效类别）对话框。

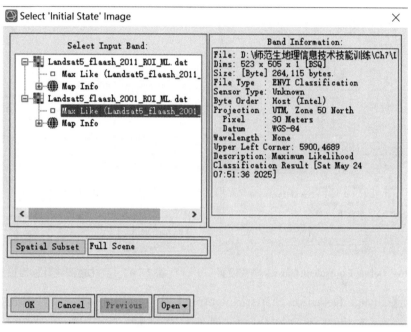

图 7 - 44　初始状态影像选择

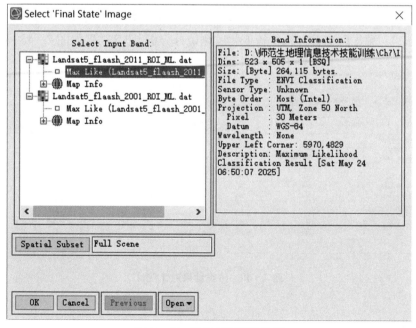

图 7 - 45　最终状态影像选择

（3）在【Define Equivalent Classes】(定义等效类别)对话框中,选择开展像元变化统计的类别匹配关系,直至所有需要分析的分类类别一一对应(显示在 Paired Classes 列表中)(图 7-46)。单击【OK】按钮,弹出"Change Detection Statistics Output"(变化监测统计输出)参数设置对话框。

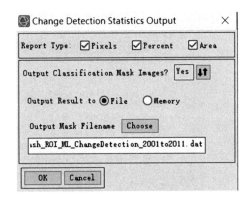

图 7-46　Define Equivalent Classes 参数设置　　图 7-47　变化监测统计输出设置

（4）【Change Detection Statistics Output】(变化监测统计输出)对话框中,选择【Report Type】(报告类型):Pixels(像元)、Percent(百分比)和 Area(面积)。【Output Classification Mask Images?】(输出类别掩膜图像?)选择【Yes】,即设置输出掩膜图像;【Output Mask Filename】(输出掩膜文件名)中设置保存路径及文件名(图 7-47)。单击【OK】按钮,执行变化监测统计分析,计算结果如图 7-48 所示。

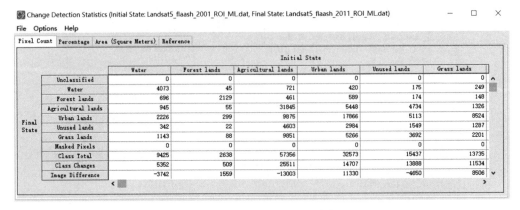

		Initial State					
		Water	Forest lands	Agricultural lands	Urban lands	Unused lands	Grass lands
	Unclassified	0	0	0	0	0	0
	Water	4073	45	721	420	175	249
	Forest lands	696	2129	461	589	174	148
	Agricultural lands	945	55	31845	5448	4734	1326
Final State	Urban lands	2226	299	9875	17866	5113	8524
	Unused lands	342	22	4603	2984	1549	1287
	Grass lands	1143	88	9851	5266	3692	2201
	Masked Pixels	0	0	0	0	0	0
	Class Total	9425	2638	57356	32573	15437	13735
	Class Changes	5352	509	25511	14707	13888	11534
	Image Difference	-3742	1559	-13003	11330	-4650	8506

图 7-48　分类结果对比统计

下篇

专题研究

第八章
人口与地理环境专题

扫码查看
本章资源

第一节　概　述

　　人口分布指一定时间内人口的空间存在形式、分布状况,以及某些特定人口和人口构成(如迁移、性别等)的区域分布等。根据 2021 年第七次全国人口普查,我国总人口为 141 178 万人。与 2010 年第六次全国人口普查数据相比,增加了 7 206 万人,增长 5.38%。从人口地区分布来看,东部地区人口占 39.93%,中部地区占 25.83%,西部地区占 27.12%,东北地区占 6.98%。与 2010 年相比,东部地区人口所占比重上升 2.15 个百分点,中部地区下降 0.79 个百分点,西部地区上升 0.22 个百分点,东北地区下降 1.20 个百分点。人口向经济发达区域、城市群进一步集聚。综上,我国人口最大的特点就是受自然、社会、经济和政治等多种因素共同作用的影响,我国人口分布空间分布不均。人口多集中分布在自然条件优越,经济发展水平高的地区。然而,人口过于集中会加剧人地矛盾,而人口稀疏地区则出现劳动力不足问题,阻碍经济的发展。

　　人地关系是地理学研究的核心主题。近年来,随着世界人口的增加,人口、资源、环境与发展是当今世界面临的最重要的全球性问题。地理环境与人口分布之间存在着密切关系。面对不断出现的人口、资源、环境和发展问题,人们越来越深刻地认识到人类社会要更好地发展,必须尊重自然规律,协调好人类活动与地理环境的关系。地理环境的气候、地形和自然资源分布对人口分布产生着重要影响。人口分布对地理环境也产生了不可忽视的影响,尤其是城市化、土地开发、环境破坏和土地退化、水资源利用以及自然灾害影响是重要方面。因此,应该高度重视地理环境与人口分布的协调,注重平衡人口增长和地理环境保护之间的关系。

　　根据《普通高中地理课程标准(2017 年版 2020 年修订)》,人地协调观是人们对人类与地理环境之间关系秉持的正确的价值观。作为地理学科核心素养之一,人地协调观是学生进行地理学习的一个重要中心点和主线。不管是人口自然增长或人口迁移,都深刻影响着资源环境变化和社会经济进步。因此,有必要充分挖掘资源环境与人口分布及人类活动之间的关系,使学生能够形成关注人类活动与资源环境问题

8

关系的初步意识。

人口环境承载力指环境能持续供养的人口数量,而人口数量是衡量环境承载力的重要指标。在一定的时空条件下,环境对人口的容量是有限的。为了估算这个人口限度,学者们提出了"环境人口容量"术语,用于强调自然环境能支持和保证人口生存的最大数量。人口合理容量是按照合理的生活方式和保障健康的生活水平,同时又在不妨碍未来人口生活质量的前提下,一个国家或地区最适宜的人口数量。人口合理容量强调满足人们合理的生活需求并能获得科学的发展。因此,环境人口容量通常略大于人口合理容量,但这往往受到许多因素制约。粮食生产潜力、土地资源承载能力、水资源承载能力对人口容量的影响已成为政府管理部门和学术界普遍关注的热点问题。

本章利用地理信息技术开展人口分布规律和人口合理容量的估算;在此基础上,进一步探讨人口分布与地理环境的关系,为深化人地协调观地理核心素养的认识提供支持。

第二节 人口分布与地理环境

关于人口分布的影响因素已有许多研究。早在1935年,胡焕庸先生便发现中国人口分布整体格局深受自然条件的影响,尤其是与降水、地形等要素密切相关。概括起来,人口分布的影响因素主要包括地形、水文、气候、土壤、土地利用、交通、居民点等方面。人口分布与地理环境之间存在密切的关系,主要体现在:一方面,地理环境对人口分布产生重要影响;另一方面,人口分布对地理环境的作用也不可忽视。

一、地理环境对人口分布的影响

1. 气候条件

温度和降水等气候条件是地理环境中一个重要的因素,对人口分布有着巨大的影响。温暖湿润的气候通常更吸引人们居住,因此人口更容易集中分布于在温暖的中纬度地区。相反,极端气候条件如极寒或干旱地区的人口通常较少。

2. 水资源

水资源的适宜性对人口分布至关重要。历史上,古代人类文明首先起源于大河地区。河流地区通常具有丰富的水资源和肥沃的土地,这为农业的发展提供了有利条件。因而,河流、湖泊和海洋沿岸地区通常都具有更高的人口密度,水源供应、农业、渔业和交通在这些地区具有独特优势。

3. 土壤肥力

土壤肥力是农业生产发展的基础,肥沃的土壤能够提供作物充足的养分,支持作物的高产和丰收,这不仅保证了粮食的安全供应,还为当地经济提供了坚实的基础,吸引了更多的农民和居民定居。因此土壤肥力是人口分布的重要因素。

4. 地形和地貌

通过影响农业、交通、居住等条件,地形和地貌因素往往间接决定人口分布的空间格局。譬如,高山、沼泽和沙漠等地形地貌特征对人口分布有限制作用。人口通常更集中在易于居住和耕种的平原和丘陵地区。

5. 自然灾害

自然灾害的成灾程度与人口数量和人口分布有着直接的关系。地理环境中的自然灾害如地震、火山爆发、飓风和洪水等不仅会造成人员伤亡和财产损失,还会破坏人们的生存环境和生活条件,导致人口迁移和影响人口分布。

二、人口分布对地理环境的影响

人口分布对地理环境的影响主要体现在以下几个方面:

1. 城镇化

城镇化过程中,城镇用地面积的扩大使单位土地能够容纳更多的人口,而人口的增加也会促进城镇的进一步发展,形成良性循环。然而,人口的增加及城镇化加快也会给地理环境带来一系列问题,包括土地和水资源的过度开发、生态系统破坏、环境污染等;

2. 资源利用

人口是社会发展的基础。随着人口规模不断增长,人类对自然资源的供需矛盾日益突出。人口增长过快往往会加剧自然资源的消耗和环境压力,从而影响到资源的持续供给和社会经济的可持续发展;

3. 环境污染

人口增长与环境污染之间存在显著的正向关联,二者的相互影响易形成恶性循环。人口增长过快往往导致环境污染的增加。譬如,人口密集地区通常伴随着更多的工业和交通,这可能导致大气和水污染问题,对地理环境产生负面影响;

4. 土地利用变化

人口变化深刻影响着土地的利用。人口数据及分布的变化通常伴随着土地利用模式的改变,如农田、城市、工业区等的土地利用变化带来生态系统和生物多样性的变化。

总体来说,人口分布和地理环境之间存在复杂的相互作用关系。探究这些关系对于环境保护和可持续发展至关重要,迫切需要采取合适的政策和规划措施来平衡人口增长和地理环境的保护。

第三节 人口分布规律分析

本节在收集地形地势、土地利用、交通相关数据的基础上,以贵州省为例,分析了地形坡度、耕地及道路对人口分布的影响，探究了人口分布规律。首先，利用数字高程模型(DEM)数据计算坡度并对其进行重分类，分析其与人口分布之间的关系；其次，根据土地利用数据的空间分布，探究不同土地利用条件下人口分布规律；最后，通过建立道路缓冲区，得到不同距离下道路的影响范围，进而探究道路对人口分布的影响。

一、坡度对人口分布的影响

【实验目的】

通过本实验，掌握 GIS 坡度分析和分区统计的方法。首先，利用 DEM 数据进行坡度分析，结合人口分布数据进行分区统计，从而探究地形坡度对人口分布的影响。

【实验数据】

1. 人口空间分布公里网格数据集

人口数据来源于中国科学院资源环境科学数据中心，是基于全国分县人口统计数据，并综合考虑了与人口密切相关的土地利用类型、夜间灯光亮度、居民点密度等多因素，利用多因子权重分配法将以行政区为基本统计单元的人口数据展布到空间格网上，从而实现人口分布的空间化。每个栅格的数据代表该网格范围(1 km×1 km)内的人口数，单位为人/km²。

2. DEM 空间分布数据

数字高程模型(DEM)数据来源于美国奋进号航天飞机的雷达地形测绘系统(SRTM,Shuttle Radar Topography Mission)，该数据集为基于 SRTM V4.1 数据经重采样生成，数据采用 WGS84 椭球投影。

3. 土地利用数据

土地利用数据来源于中国科学院资源环境科学数据中心(http://www.resdc.cn)，是基于 Landsat 8 遥感卫星影像更新后得到的 2015 年土地利用分布数据。本数据的分类系统中，土地利用类型分为耕地、林地、草地、水域、建设用地和未利用土地。

4. 道路数据

本实验的道路数据来源于开放街道地图(OSM)官网(https://www.openstreetmap.org/)。OpenStreetMap(OSM)是由网络大众共同打造的免费、开源、可编辑的地图服务。用户可以通过 GPS、卫星影像等方式贡献地图内容，并能下载、编辑和上传数据。

【实验步骤】

(1) 依次打开【System Toolboxes】(系统工具箱)→【Spatial Analyst Tools】(空间分析工具)→【Surface】(表面)→【Slope】(坡度)，打开【Slope】工具对话框，【Input Raster】(输入栅格)设置为"gz_Dem_250m.img"，【Output Raster】(输出栅格)设置为"Slope_gz_Dem_250m.img"，【Output measurement】(输出坡度测度方式)设置为

"Degree"(度),其他参数采用缺省值,单击【OK】按钮(图 8-1),计算得到地形坡度图(图 8-2)。

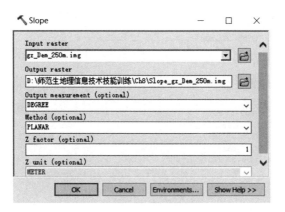

图 8-1 Slope 计算参数设置

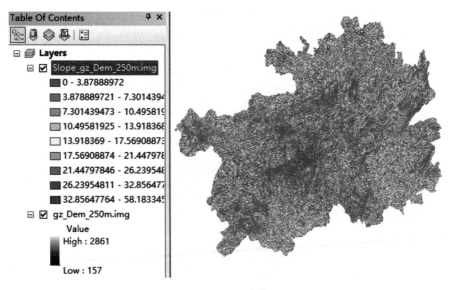

图 8-2 Slope 计算结果

(2) 依次打开【System Toolboxes】(系统工具箱)→【Spatial Analyst Tools】(空间分析工具)→【Reclass】(重分类)→【Reclassify】(重分类)命令,打开【Reclassify】对话框。设置【Input raster】(输入栅格)数据为 Slope_gz_Dem_250.img",【Reclass field】(重分类字段)设置为"Value"。单击【Reclassification】(重分类)中的【Classify…】(分类……),打开【Classify】对话框,设置"Classification"中的【Classes】为 7 类,【Method】(分类方法)采用"Equal Interval"(等间隔方法),其他参数采用缺省值(图 8-3 和图 8-4),单击【OK】按钮,【Reclassify】窗口中【Output raster】(输出栅格)设置为"Reclass_Slope_gz_Dem_250m.img",单击【OK】按钮完成设置,计算得到坡度重分类结果(图 8-5)。

图 8‑3　Slope 计算结果重分类参数设置

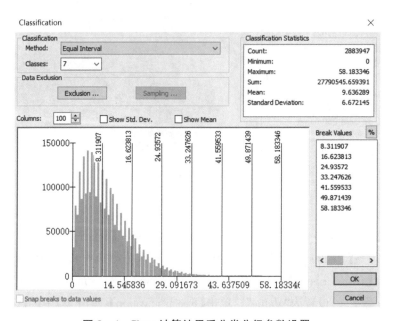

图 8‑4　Slope 计算结果重分类分级参数设置

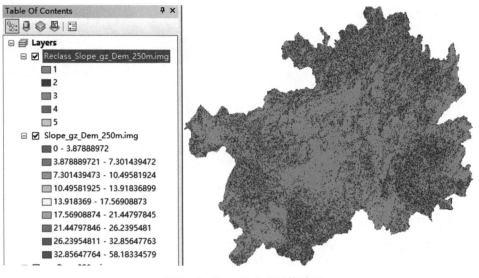

图 8-5　Slope 重分类计算结果

（3）依次打开【System Toolboxes】（系统工具箱）→【Spatial Analyst Tools】（空间分析工具）→【Zonal】（区域的）→【Zonal Statistics as Table】（区域统计为表格）命令，打开"Zonal Statistics as Table"对话框，【Input raster or feature zone data】（输入栅格或要素区域数据）设置为"Reclass_Slope_gz_Dem_250. img"，【Zone field】（区域字段）设置为"Value"，【Input value raster】（输入值栅格）设置为"gz_pop_1km. img"，【Output table】（输出表格）文件名设置为"ZonalSt_Reclass_Slope_gz_Dem_250m. dbf"，单击【OK】按钮（图 8-6），得到统计数据表。基于坡度分区的人口数据统计计算结果如图 8-7 所示。

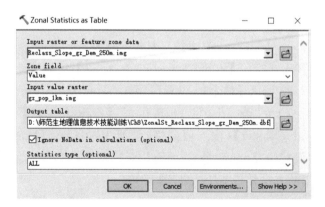

图 8-6　分区统计为表格参数设置

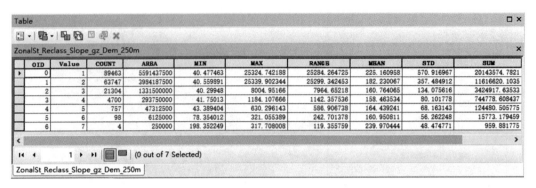

图 8-7　基于坡度分区的人口数据统计结果

【实验结果分析】

实验结果描述:随着不同区域序号(Value)从 1 至 7 变化,坡度从小逐渐增大,人口数量呈现逐渐递减趋势。结果指出,人口分布与地形坡度密切相关,坡度较小的地区人口分布较多,而坡度较大的地方人口比重较小。因而,坡度对人口分布有显著影响。由于地势平坦,交通便利,坡度小的地区往往人口较为密集;而山区等地形复杂地区,人类生活不便,人口分布则相对较少。本案例从定量化角度探究了坡度对人口分布的影响,为人地协调观及地理实践力核心素养的培养具有重要支撑作用。

二、土地利用对人口分布的影响

【实验目的】

通过开展本实验,掌握 GIS 中按区域统计分析的方法。结合人口分布数据,利用分区统计工具,分析不同土地利用类型下人口数量,从而探究土地利用对人口分布的影响。

【实验步骤】

依次打开【System Toolboxes】(系统工具箱)→【Spatial Analyst Tools】(空间分析工具)→【Zonal】(区域的)→【Zonal Statistics as Table】(区域统计为表格)命令,打开【Zonal Statistics as Table】对话框,设置【Input raster or feature zone data】(输入栅格或要素区域数据)为"gz_LUCC_2015. img",【Zone field】(区域字段)设置为"Value",【Input value raster】(输入值栅格)设置为"gz_pop_1km. img",【Output table】(输出表格)设置为"ZonalSt_gz_popByLUCC. dbf"(图 8-8),单击【OK】按钮,得到面向土地利用的人口分布统计结果(图 8-9)。

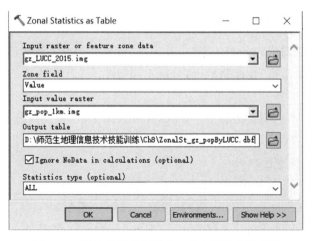

图 8-8 面向土地利用的人口分布统计参数设置

Table

ZonalSt_gz_popByLUCC

OID	Value	COUNT	AREA	MIN	MAX	RANGE	MEAN	STD	SUM
0	1	49653	49653000000	42.064739	15943.581055	15901.516315	207.686558	194.643325	10312260.6712
1	2	96134	96134000000	40.50885	25339.902344	25299.393494	179.770225	359.386451	17282030.8333
2	3	31293	31293000000	40.29948	18267.761719	18227.462238	200.165466	246.791149	6263777.93332
3	4	485	485000000	41.59557	9880.492188	9838.896618	260.556945	518.34689	126370.118126
4	5	1670	1670000000	51.076637	25324.742188	25273.66555	1173.851534	3449.122191	1960332.06138
5	6	41	41000000	41.795097	392.990784	351.195686	194.131505	108.65285	7959.391716

(0 out of 6 Selected)

ZonalSt_gz_popByLUCC

图 8-9 面向土地利用的人口分布统计结果

备注:1. 耕地;2. 林地;3. 草地;4. 水域;5. 城镇用地;6. 未利用地。

【实验结果分析】

实验结果描述:根据分析,2015 年研究区耕地面积约为 49 653 km^2,城镇用地面积约为 1 670 km^2,耕地面积约为城镇用地面积的 30 倍。城镇化的深入发展需要大量耕地资源作为保障。尽管如此,城镇用地上平均人口数量大于耕地平均人口数。耕地平均人口数约为 208 人/km^2,而城镇用地平均人口数约为 1 174 人,这在一定程度上说明城镇用地的人口分布众多,人口密度大。

可能原因:人口分布和土地利用之间存在着密切的关系。一方面,耕地用于农业生产,以满足人类的食物需求;另一方面,城市经济发展快,吸引更多的农村人口涌向城市。随着人口的增多,城市的扩张占用了农村用地,致使大量农田转变为其他土地利用方式,尤其是城市用地。人口城镇化与土地城镇化是城镇化发展的两个基础性要素。通过开展本实验,学生能够深入理解土地城镇化、人口城镇化的内涵,更好地认识人口与土地利用之间的关系。

三、道路对人口分布的影响

为了分析道路对人口分布的影响,首先,加载道路和人口数据;其次,计算不同距离下道路的缓冲区范围;在此基础上,分析不同缓冲区范围内人口的变化。

1. 加载数据

依次加载研究区道路数据"gy_roads_lambert. shp"和人口分布数据"gz_pop_1km. img"。

2. 多环道路缓冲区分析

(1) Multiple Ring Buffer工具。

① 依次打开【System Toolboxes】(系统工具箱)→【Analysis Tools】(分析工具)→【Proximity】(邻近分析)→【Multiple Ring Buffer】(多环缓冲区分析),打开"Multiple Ring Buffer"工具,【Input Features】(输入要素)设置为"gy_roads_lambert_MultipleRing. shp",【Output Feature class】(输出要素类)设置为"gz_railway_buffer",【Distances】(距离)依次输入"1000、2000、3000、4000 和 5000",【Buffer Unit】(缓冲距离单位)设置为"Meters"(米),【Dissolve Option】(融合选项)设置为"ALL"(图 8 - 10)。

② 单击【OK】按钮,输出多环道路缓冲区,结果如图 8 - 11 所示。

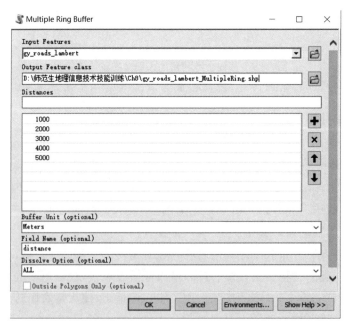

图 8 - 10　创建多环缓冲区参数设置

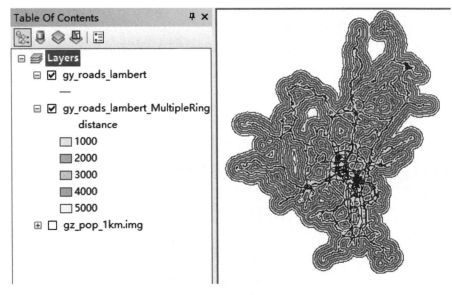

图 8 - 11 创建多环缓冲区分析结果

（2）【Batch…】＋【Buffer】工具。

① 依次打开【System Toolboxes】（系统工具箱）→【Analysis Tools】（分析工具）
→【Proximity】（邻近分析）→【Buffer】（缓冲）命令，单击右键选择【Batch…】（批
量……），打开 Buffer 批处理工具（图 8 - 12）。【Input Features】（输入要素）设置为

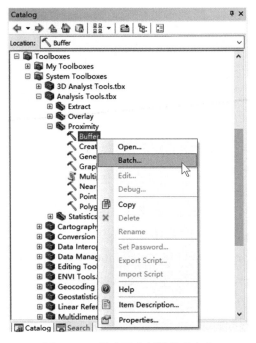

图 8 - 12 缓冲区分析批处理命令

"gy_roads_lambert",【Output Feature Class】(输出要素类)文件名设置为"gy_roads_lambert_nkm. shp"(n 为 1～5),【Distance】(距离)依次设置为"1 000 Meters"、"2 000 Meters"、"3 000 Meters"、"4 000 Meters"和"5 000 Meters",【Dissolve Option】(融合选项)设置为"ALL"(图 8 - 13)。单击【OK】按钮,依次得到 1000 到 5000 米的道路缓冲区,结果如图 8 - 14 所示。

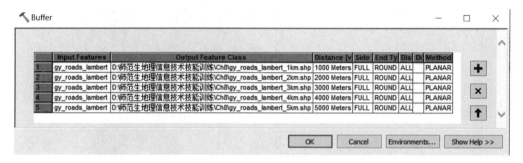

图 8 - 13　缓冲区分析批处理分析参数设置

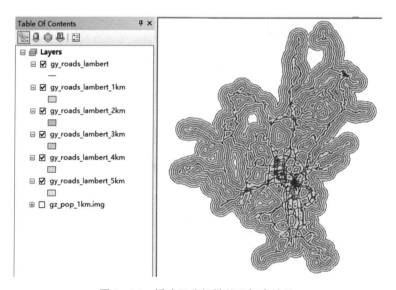

图 8 - 14　缓冲区分析批处理初步结果

　　② 根据得到的 5 个道路缓冲区结果,对其进行【Union】(联合)处理,如图 8 - 15,依次打开【System Toolboxes】(系统工具箱)→【Analysis Tools】(分析工具)→【Overlay】(叠置)→【Union】(联合)命令,【Input Features】(输入要素)依次输入得到的"gy_roads_lambert_nkm"(n 为 1～5),【Output Feature Class】(输出要素类)设置为"gy_roads_lambert__1to5km_Union. shp",其他参数保持缺省值(图 8 - 15),单击【OK】按钮完成设置并执行 Union 处理,得到计算结果(图 8 - 16)。

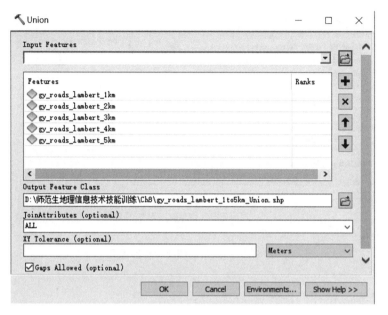

图 8 - 15　Union 分析参数设置

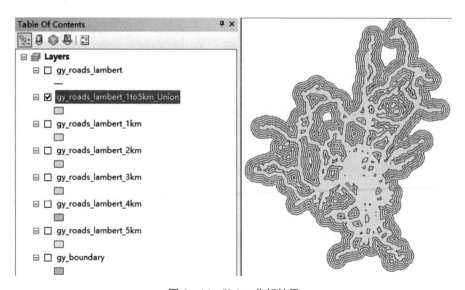

图 8 - 16　Union 分析结果

③ 依次打开【System Toolboxes】(系统工具箱)→【Spatial Analyst Tools】(空间分析工具)→【Zonal】(区域的)→【Zonal Statistics as Table】(区域统计为表格)命令，打开【Zonal Statistics as Table】对话框,【Input raster or feature zone data】(输入栅格或要素区域数据)为"gy_roads_lambert__MultipleRing",【Zone field】(区域字段)设置为"FID",【Input value raster】(输入值栅格)设置为"gz_pop_1km. img",【Output table】(输出表格)文件名设置为"ZonalSt_gy_roads_lambert__MultipleRing. dbf",单击【OK】按钮(图 8 - 17),输出计算结果(图 8 - 18)。

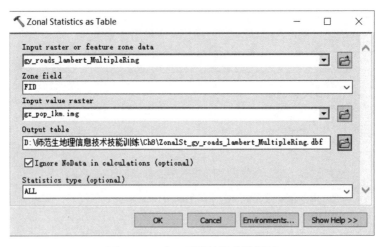

图 8-17　人口区域统计参数设置

Table

ZonalSt_gy_roads_lambert_MultipleRing

OID	FID_	COUNT	AREA	MIN	MAX	RANGE	MEAN	STD	SUM
0	0	2691	2691000000	99.621979	25339.902344	25240.280365	1266.042381	3364.419273	3406920.04642
1	1	1525	1525000000	99.592644	19319.960938	19220.368294	416.751302	864.806577	635545.736259
2	2	1059	1059000000	99.192909	1129.72937	1030.536461	306.888939	184.030248	324995.386452
3	3	798	798000000	99.474403	1124.619385	1025.144981	265.978157	144.608078	212250.569672
4	4	657	657000000	98.660225	928.913879	830.253654	244.993806	121.013254	160960.930214

(1 out of 5 Selected)

ZonalSt_gy_roads_lambert_MultipleRing

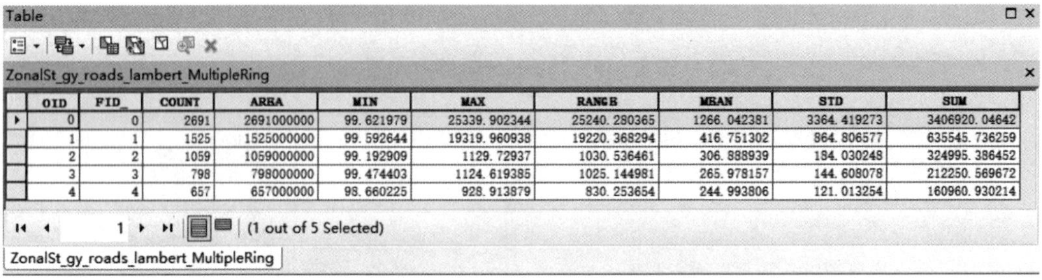

图 8-18　人口区域统计结果

【实验结果分析】

实验结果描述：离道路越近，人口越多。随着离道路距离的增加，人口呈现逐渐递减趋势。

可能原因探究：作为一种高效的交通基础设施，道路便于居民通勤出行，又能够快速、大容量地运输货物。因此，交通便捷如道路附近的地区通常更容易吸引人口的居住和工作，从古代的“漕运城市”、近代的“火车拉来的城市”，到现代的“空港城市”，交通对于人口发挥了“牵引”作用。

第四节　人口合理容量估算分析

一、实验目的

通过开展人口合理容量估算分析实验达到如下目的：① 掌握利用 ArcGIS 将数据连接到图层属性表的方法。② 深入理解环境人口容量、人口合理容量等术语的含义。③ 体会自然资源如耕地资源、水资源对人口合理容量的限制作用。

二、环境人口容量估算原理

通常认为,环境人口容量指环境所能容纳的最大人口数。因而,自然资源的丰富程度直接影响环境人口容量的大小,环境人口容量与自然资源供给之间存在着密切的关系。水资源、耕地资源的数量是环境人口容量估算的关键要素。自然资源越充足,理论上其可承载的人口越多。

1. 基于耕地资源的环境人口容量

在一定生产力水平下,耕地所能生产的粮食是一定的,按照人均消费粮食的数量可以简单地计算出基于耕地资源的环境人口容量。假设用 PCC 表示某一时期的耕地资源人口承载力(容量),Y 表示粮食产量,C 表示人均粮食消费量,则有:

$$PCC=Y/C \qquad (式8-1)$$

通常情况下,根据人均粮食消费量来衡量和划分不同类型,据此反映人们的生活水平和经济能力。以粮食为单位确定,可以分为温饱型[350 千克/(人·年)]、小康型[400 千克/(人·年)]、富裕型[500 千克/(人·年)]三种类型(表 8-1)。根据以上人均粮食消费量标准,可以估算出不同情景下耕地资源的人口承载力。

表 8-1　温饱型、小康型、富裕型划分标准

类别	温饱型	小康型	富裕型
消费水平 [千克/(人·年)]	350	400	500

在耕地资源人口承载力估算基础上,结合现实人口数量,估算耕地资源人口承载力指数(PCCI):

$$PCCI=P/PCC \qquad (式8-2)$$

其中,PCC 表示基于耕地资源的人口承载力(人),P 表示现实人口数(人)。耕地资源承载力指数是用于衡量耕地资源能够持续供养人口能力的指标。耕地资源人口承载力指数越低,粮食盈余率就越高,表明某区域的人粮关系就越平衡;反之,耕地资源人口承载力指数越高,区域人口超载就越严重。结合人粮关系状况分级评价标准(谢平等,2012),可以对温饱型、小康型和富裕型等多种粮食消费水平下基于耕地的人口承载力现实状况进行评估。

2. 基于水资源的环境人口容量

除了耕地粮食产量对环境人口容量的影响以外,水资源数量对环境人口容量也有较大的影响。联合国以 3 000 立方米/人作为人类利用水资源的丰水线,而以 1 700 立方米/人作为人类利用水资源的警戒线。因而,在水资源总量一定的前提下,可以估算出不同水资源利用水平下人口承载力的变化。与基于耕地资源的环境

8

人口容量估算相似,本实验分别利用表示某一时期的资源环境人口承载力 PCC(式 8-1)和人口承载力指数 PCCI(式 8-2)分别来估算警戒线和丰水线的水资源利用水平下基于水资源的环境人口容量。在此基础上,参照基于耕地资源承载力指数的人粮关系状况分级评价标准(表 8-2)评估基于水资源的环境人口容量现实状况。

表 8-2　基于土地资源承载力指数的人粮关系状况分级评价标准

人粮关系状况		土地资源承载力指数(PCCI)
粮食 8 盈余	富富有余	LCCI≤0.5
	富裕	0.5＜LCCI≤0.75
	盈余	0.75＜LCCI≤0.875
人粮平衡	平衡有余	0.875＜LCCI≤1
	临界超载	1＜LCCI≤1.125
人口超载	超载	1.125＜LCCI≤1.25
	过载	1.25＜LCCI≤1.5
	严重超载	LCCI＜1.5

3. 人口合理容量

与环境人口容量不同,人口合理容量指一个国家或地区最适宜的人口数量。人口合理容量往往由各种资源中最短缺的某种资源决定,即环境人口容量的"木桶效应"。譬如,如果一个地区的水资源非常有限,能够供养的人口数量最少,那么该地区的环境人口容量就主要由水资源决定,即使其他资源如矿产或土地资源非常丰富,也无法提高整体的环境人口容量。本实验中结合耕地资源和水资源利用来评估人口合理容量。综上,在前述耕地资源和水资源人口承载力指数估算的基础上,利用最大值法计算综合人口承载力指数($PCCI_{comp}$)如下:

$$PCCI_{comp} = MAX(PCCI_{fr}, PCCI_{wr}) \qquad (式 8-3)$$

其中,$PCCI_{fr}$ 表示耕地资源人口承载力指数,$PCCI_{wr}$ 表示水资源人口承载力指数,MAX() 表示计算二者的最大值。

三、人口合理容量的估算

本实验中,常住人口数据、粮食产量数据来源于贵州统计年鉴,水资源数据来源于国家统计局(表 8-3)。

表 8-3　2014 年贵州省各市(州)主要农产品产量、常住人口和水资源数据

	贵阳市	六盘水市	遵义市	安顺市	毕节市	铜仁市	黔西南州	黔东南州	黔南州
粮食（万吨）	45.39	80.86	302.49	66.73	257.55	134.90	103.53	120.19	127.36
常住人口（万人）	455.60	288.20	615.49	230.81	654.12	311.65	281.12	347.75	323.30
水资源总量（亿立方米）	58.10	62.52	213.49	66.53	143.43	147.86	116.19	208.23	196.80

为了估算人口合理容量,本实验分别分析了耕地资源和水资源对人口承载的限制作用。以黔东南州为例,基于粮食的耕地资源人口承载能力(食物型)温饱型系数核算方法如下:120.19(万吨)×10 000 000 千克/350[千克/(人·年)]/10 000＝343.40(万人),以此作为温饱型食物消费水平下,当前耕地粮食产量能够支持的人口数量。贵州耕地资源人口承载力及人口承载力指数估算如表 8-4 和 8-5 所示:

表 8-4　贵州耕地资源人口承载力估算

土地人口承载力	粮食产量（万吨）	温饱型（万人）	小康型（万人）	富裕型（万人）
黔东南州	120.19	343.40	300.48	240.38
贵阳市	45.39	129.69	113.48	90.78
安顺市	66.73	190.66	166.83	133.46
黔西南州	103.53	295.80	258.83	207.06
六盘水市	80.86	231.03	202.15	161.72
毕节市	257.55	735.86	643.88	515.10
遵义市	302.49	864.26	756.23	604.98
铜仁市	134.90	385.43	337.25	269.80
黔南州	127.36	363.89	318.40	254.72

表 8-5　贵州耕地资源人口承载力指数

人口承载力指数	常住人口（万人）	温饱型	小康型	富裕型
黔东南州	347.75	1.01	1.16	1.45
贵阳市	455.60	3.51	4.01	5.02
安顺市	230.81	1.21	1.38	1.73
黔西南州	281.12	0.95	1.09	1.36
六盘水市	288.20	1.25	1.43	1.78
毕节市	654.12	0.89	1.02	1.27
遵义市	615.49	0.71	0.81	1.02
铜仁市	311.65	0.81	0.92	1.16
黔南州	323.30	0.89	1.02	1.27

8

水资源人口承载力以及水资源承载力指数的计算原理与耕地资源的人口承载力计算类似。例如,黔东南州水资源总量 208.23 亿立方米,则水资源人口承载量为:208.23/1 700/10 000＝1 224.86 万人。水资源警戒线标准下水资源承载力指数计算如下:347.75/1 224.86＝0.28,详细的贵州水资源人口承载量及水资源承载力指数计算结果如表 8-6 所示:

表 8-6 水资源人口承载量及水资源承载力指数

人口承载力指数	水资源总量(亿立方米)	人口承载量(万人)(警戒线)	承载力指数(警戒线)	人口承载量(万人)(丰水线)	承载力指数(丰水线)
黔东南州	208.23	1 224.86	0.28	694.09	0.50
贵阳市	58.10	341.74	1.33	193.65	2.35
安顺市	66.53	391.35	0.59	221.76	1.04
黔西南州	116.19	683.45	0.41	387.29	0.73
六盘水市	62.52	367.75	0.78	208.39	1.38
毕节市	143.43	843.69	0.78	478.09	1.37
遵义市	213.49	1 255.80	0.49	711.62	0.86
铜仁市	147.86	869.74	0.36	492.85	0.63
黔南州	196.80	1 157.64	0.28	656.00	0.49

根据水资源人口承载力指数及联合国水资源利用警戒线水平(1 700 立方米/人)要求,结合基于人口承载力指数的人粮关系状况分级评价标准表 8-2,最终得到贵州综合人口承载力(表 8-7 和表 8-8)。

表 8-7 综合人口承载力(水资源利用 1 700 立方米/人)

综合人口承载力	粮食温饱型＋水资源警戒线	粮食小康型＋水资源警戒线	粮食富裕型＋水资源警戒线
黔东南州	临界超载(1.01)	超载(1.16)	过载(1.45)
贵阳市	严重超载(3.51)	严重超载(4.01)	严重超载(5.02)
安顺市	超载(1.21)	过载(1.38)	严重超载(1.73)
黔西南州	平衡有余(0.95)	临界超载(1.09)	过载(1.36)
六盘水市	超载(1.25)	过载(1.43)	严重超载(1.78)
毕节市	平衡有余(0.89)	临界超载(1.02)	过载(1.27)
遵义市	富裕(0.71)	盈余(0.81)	临界超载(1.02)
铜仁市	盈余(0.81)	平衡有余(0.92)	超载(1.16)
黔南州	平衡有余(0.89)	临界超载(1.02)	过载(1.27)

8

表 8 - 8　综合人口承载力(水资源利用 3 000 立方米/人)

综合人口承载力	粮食温饱型＋水资源丰水线	粮食小康型＋水资源丰水线	粮食富裕型＋水资源丰水线
黔东南州	临界超载(1.01)	超载(1.16)	过载(1.45)
贵阳市	严重超载(3.51)	严重超载(4.01)	严重超载(5.02)
安顺市	超载(1.21)	过载(1.38)	严重超载(1.73)
黔西南州	平衡有余(0.95)	临界超载(1.09)	过载(1.36)
六盘水市	过载(1.38)	过载(1.43)	严重超载(1.78)
毕节市	过载(1.37)	过载(1.37)	过载(1.37)
遵义市	盈余(0.86)	盈余(0.86)	临界超载(1.02)
铜仁市	盈余(0.81)	平衡有余(0.92)	超载(1.16)
黔南州	平衡有余(0.89)	临界超载(1.02)	过载(1.27)

【实验步骤】

(1) 在前述计算分析基础上,保存以上 Excel 表格数据为"gz_pop_cc.csv"格式文件,打开 ArcMap 加载该 csv 文件后以表格显示(图 8 - 19);加载"gz_boundary"文件,右键单击"gz_boundary.shp",单击【Open Attribute Table】(打开属性表),打开"gz_boundary.shp"的属性表格,可以观察到属性表格中黔东南州、贵阳市等的 FID 依次为 0—8(图 8 - 20),与表格"gz_pop_cc.csv"中的编号字段一致。

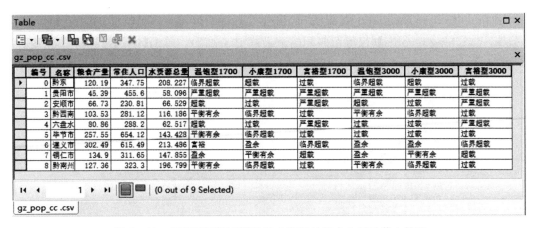

图 8 - 19　多情景下基于耕地和水资源的综合人口承载力状况

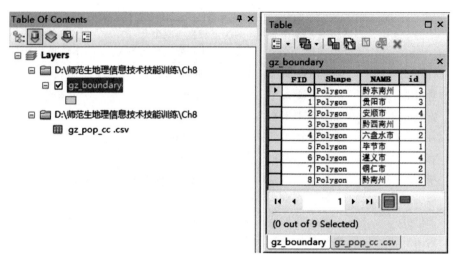

图 8-20　地图属性表

（2）在"gz_boundary"数据文件上右键单击，选择【Joins and Relates】（连接和关联）→【Join…】（连接……）命令（图 8-21），打开"Join Data"（连接数据）对话框，图层连接字段（1. Choose the field in this layer that the join will be based on：）设置为"FID"字段，连接表格（2. Choose the table to join to this layer，or load the table from disk：）设置为人口数据表"gz_pop_cc"，连接表格字段（3. Choose the field in the table to base the join on：）设置为"编号"，Joins Options（连接选项）下选择【Keep only matching records】（仅保留匹配的记录）（图 8-22）。单击【OK】按钮，完成字段连接。

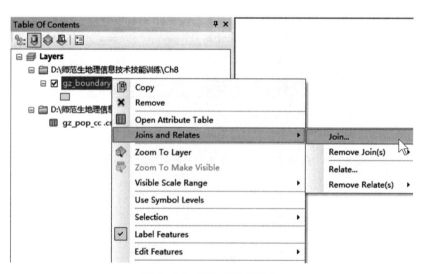

图 8-21　属性表连接命令

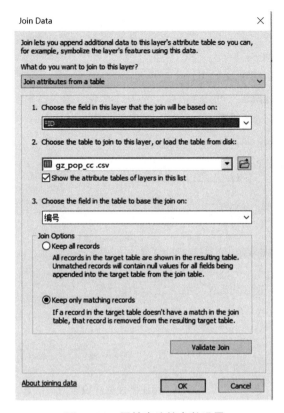

图 8-22　属性表连接参数设置

（3）右键单击"gz_boundary"，单击【Open Attribute Table】（打开属性表），重新打开"gz_boundary"的属性表格，可以观察到图层属性表中已经包含表格"gz_pop_cc.csv"的内容（图 8-23）。

	FID	Shape	NAME	id	编号	名称	粮食产量	常住人口	水资源总量	温饱型1700	小康型1700	富裕型1700	温饱型3000	小康型3000	富裕型3000
▶	0	Polygon	黔东南州	3	0	黔东南	120.19	347.75	208.227	临界超载	超载	过载	临界超载	超载	过载
	1	Polygon	贵阳市	3	1	贵阳市	45.39	455.6	58.096	严重超载	严重超载	严重超载	严重超载	严重超载	严重超载
	2	Polygon	安顺市	4	2	安顺市	66.73	230.81	66.529	超载	过载	严重超载	超载	过载	严重超载
	3	Polygon	黔西南州	1	3	黔西南	103.53	281.12	116.186	平衡有余	临界超载	平衡有余	临界超载	超载	过载
	4	Polygon	六盘水市	2	4	六盘水	80.86	288.2	62.517	超载	过载	严重超载	过载	超载	严重超载
	5	Polygon	毕节市	1	5	毕节市	257.55	654.12	143.428	平衡有余	临界超载	盈余	过载	过载	过载
	6	Polygon	遵义市	4	6	遵义市	302.49	615.49	213.486	富裕	盈余	盈余	盈余	盈余	临界超载
	7	Polygon	铜仁市	2	7	铜仁市	134.9	311.65	147.855	盈余	平衡有余	超载	盈余	平衡有余	超载
	8	Polygon	黔南州	2	8	黔南州	127.36	323.3	196.799	平衡有余	临界超载	过载	平衡有余	临界超载	过载

|◀ ◀　1　▶ ▶|　(0 out of 9 Selected)

图 8-23　属性表连接结果

（4）右键单击"gz_boundary"，选择【Properties】（属性），打开【Layer Properties】（图层属性）对话框，点击【Labels】，勾选【Label all the features the same way】（以同样方式标注所有字段），并设置【Label Field】（标注字段）为"NAME"，为了制图美观清晰，可适当调整标注字体的大小格式，点击确定，完成标注（图 8-24），右键单击

"gz_boundary",选择【Label Features】(标注要素),地图中显示市州名称(图 8 - 25)。

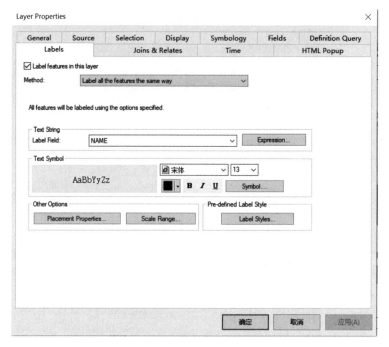

图 8 - 24　标注字段格式设置

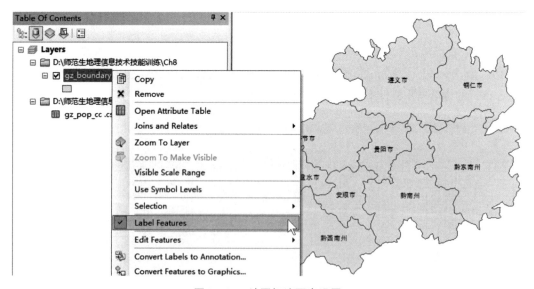

图 8 - 25　地图标注要素设置

(5) 右键单击"gz_boundary",选择【Properties】(属性),打开【Layer Properties】(图层属性)对话框,点击【Symbology】选项卡,左侧选择【Categories】→【Unique values】(唯一值)制图方式,右侧的【Value Field】选择"温饱型 1 700"字段,单击【Add All Values】,如图 8 - 26 所示。

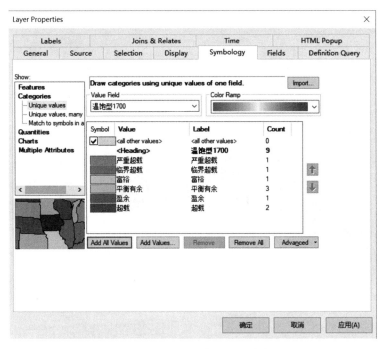

图 8‐26　综合人口承载力制图参数设置

（6）此时渲染方式并非按照表8‐2中现实人口承载力的压力水平顺序展示，需要根据现实人口承载力水平确定利用的制图颜色。譬如，用红色表示"严重超载"，而用蓝色表示"富裕"。进一步按如下步骤修改渲染方式：首先，参照表8‐2，通过单击右侧的上下箭头调整各个承载力类别的顺序；其次，单击【Color Ramp】选择一个图8‐27中所示色带，此时严重超载为绿色展示方式；再次，按住【Ctrl】键选中所有类别，右键单击弹出快捷菜单，选中【Flip Symbols】；最后，制图参数设置如图8‐27所示。

（7）按照步骤（5）和步骤（6），将【Value Field】属性字段中依次选择"温饱型1 700"、"小康型1 700"、"富裕型1 700"、"温饱型3 000"、"小康型3 000"和"富裕型3 000"，进行温饱型＋警戒型（1 700 立方米/人）、小康型＋警戒型（1 700 立方米/人）、富裕型＋警戒型（1 700 立方米/人）、温饱型＋丰水型（3 000 立方米/人）、小康型＋丰水型（3 000 立方米/人）、富裕型＋丰水型（3 000 立方米/人）的现实人口承载力的压力水平制图，制图结果如图8‐28至8‐33所示。

8

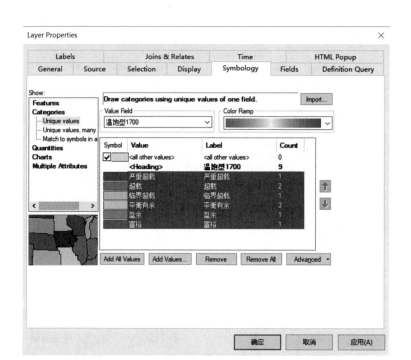

图 8‑27　综合人口承载力制图参数设置

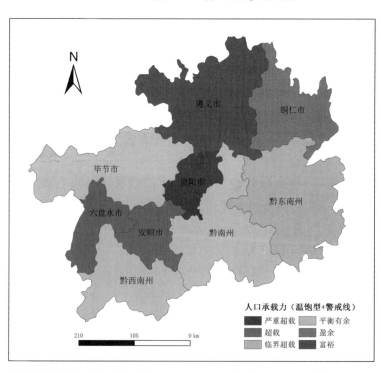

注：基于自然资源部标准地图服务网站 GS〔2019〕1822 号的标准地图制作，底图边界无修改。

图 8‑28　综合人口承载力(温饱型＋警戒线)制图结果

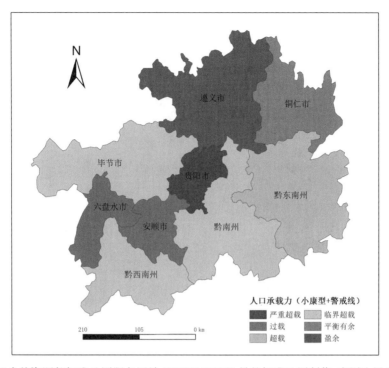

注:基于自然资源部标准地图服务网站 GS〔2019〕1822 号的标准地图制作,底图边界无修改。

图 8 - 29 综合人口承载力(小康型＋警戒线)制图结果

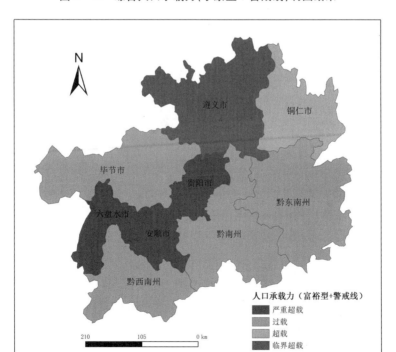

注:基于自然资源部标准地图服务网站 GS〔2019〕1822 号的标准地图制作,底图边界无修改。

图 8 - 30 综合人口承载力(富裕型＋警戒线)制图结果

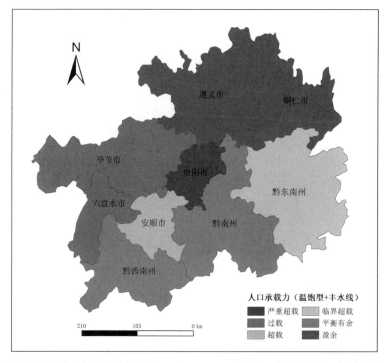

注:基于自然资源部标准地图服务网站 GS〔2019〕1822 号的标准地图制作,底图边界无修改。

图 8-31　综合人口承载力(温饱型+丰水线)制图结果

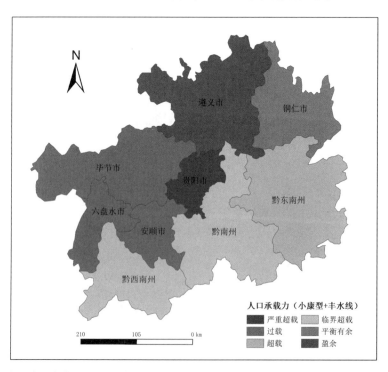

注:基于自然资源部标准地图服务网站 GS〔2019〕1822 号的标准地图制作,底图边界无修改。

图 8-32　综合人口承载力(小康型+丰水线)制图结果

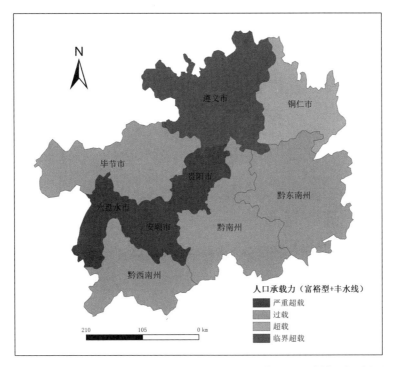

注:基于自然资源部标准地图服务网站 GS〔2019〕1822 号的标准地图制作,底图边界无修改。

图 8‑33   综合人口承载力(富裕型＋丰水线)制图结果

【实验结果分析】

从粮食"温饱型"及水资源"警戒线"标准来看,贵州大部分地区资源环境人口承载力水平处于"平衡有余"及更加良好的人地关系互动阶段。但是,从粮食"小康型"标准和角度来分析,大部分地区的人口承载力处于"临界超载""超载阶段"。尤其是"富裕型"标准下,大部分地区的人口承载力处于"过载",甚至"严重超载"阶段,这给区域发展和环境保护带来挑战。另外,在本节实验情境中,贵阳市的人口承载力均处于"严重超载"阶段,即经济条件良好地区实际人口数量可能超过本地资源环境可承载的环境人口容量。

然而,一个地区的人口合理容量不只取决于本地的自然资源禀赋条件,还与该地的区位条件,以及本地获取外部资源的吸引力有关。仅仅根据本地的自然资源条件来判断环境人口容量是不合理的。现实的人口合理容量需要结合本地自然条件、社会经济发展条件等多方面因素来综合分析判定。

8

第九章
城市热岛效应专题

扫码查看
本章资源

第一节 城市热环境与地表温度遥感反演

城市化的快速发展导致城市环境特别是热环境发生剧烈改变。热环境是指与热量有关的、影响人类生存和发展的各种外部因素组成的一个开放系统。热环境是生态环境的一个重要组成部分,温度是热环境的一个重要表征参数。热环境既可以指地表温度,也可以指大气温度。

城市热环境变暖不仅影响人类的生产活动,也影响人类的生活质量。总的来说,城市热环境造成的影响主要有:一是加大能源消耗。城市热效应往往使得气温增高,特别是在夏季的城市,为了降低室内气温,人们使用空调、电扇等电器,消耗大量的能源。二是影响城市降雨。在城市中心,城市热效应使近地面形成强的上升气流,远离市区的空气则向城市中心补充,形成地面风,而高空空气对流方向则相反,因此构成城市热岛环流,容易产生城市雨岛。三是影响生物生长,热环境变暖会改变农作物的生长速度和生长周期。

通常情况下,城市热环境可以用两个代表性测点的气温差值(即热岛强度)来表示。城市热环境的变化反映出由于人为扰动改变了城市地表的局部温度、湿度、空气对流等因素,进而引起的城市小气候变化。城市热岛效应(Urban Heat Island Effect)是指城市地区的气温高于周围地区的现象。城市热岛效应用于表征由于城市地表结构造成的城市区域温度高于周边乡村的程度。需要注意的是,在某些时段也会出现城市区域温度低于乡村的情况,我们称之为城市冷岛。

传统的近地表气温获取主要依靠野外实测。虽然实地观测能够提供点尺度上的准确气温资料,但获取资料范围有限,连续性差,而且成本大、效率低,不适用于大范围的气温观测。遥感为热环境研究提供了很好的信息源,它能够提供大尺度的热环境空间异质度信息。遥感反演的地表温度资料具有较高的空间分辨率,能够反映热环境的空间分布,弥补了气象台站稀疏分布对城市热岛研究带来的不利影响。开展基于遥感的城市热岛效应探究对于提高中学生的综合核心素养也具有重要作用。

中分辨率成像光谱仪(Moderate-resolution Imaging Spectroradiometer,MODIS)

资料提供了地表温度的业务化反演产品，近些年来得到了广泛的应用。MODIS 是搭载在美国宇航局发起的对地观测系统（Earth Observation System，EOS）系列卫星 Aqua 和 Terra 上的重要传感器。MODIS 在 0.4～14.4 微米波谱范围内共有 36 个通道，其中包括 2 个 250 米分辨率的可见光通道，5 个 500 米分辨率的可见光和近红外通道。Terra 和 Aqua 卫星大约每 90 分钟环绕地球飞行一次。Aqua 卫星在地方时 13:30 左右和夜间 1:30 左右过境赤道，此时地表温度分别接近日最高值和最低值。Terra 卫星在地方时 10:30 左右过境赤道，处于地表升温过程时段附近；另外其在地方时 22:30 左右再次过境赤道，处于地表降温过程。基于此，本节利用 MODIS 数据获取地表温度，以探究城市热岛效应规律。

第二节　城市热岛效应分析——南京市案例

一、实验目的

城市热岛效应分析实验的目的在于掌握利用 ArcMap 的栅格计算器和分区统计功能，理解遥感灯光数据的原理，掌握利用夜间灯光数据提取建成区和非建成区的方法，在此基础上开展南京城市热岛效应分析，从而深入了解城市热岛效应的形成机制、空间分布特征以及对城市环境和人类健康的影响，培养学生数据处理能力，提升其分析问题与解决问题的能力。

二、实验数据

1. 夜间灯光数据

DMSP/OLS 夜间灯光影像数据来自美国国防气象卫星计划（Defense Meteorological Satellite Program，DMSP），它由美国空军航天与导弹系统中心运作，其搭载的线性扫描系统（Operational Linescan System，OLS）传感器能够每日获取全球的昼夜图像，尤其是能探测夜间低强度灯光，包括城市车流的灯光、居民小区的灯光等。DMSP/OLS 夜间灯光影像反映了地表综合性信息，它涵盖道路、居民地等，以及其他与人口、城市等空间分布密切相关的信息。

2. MODIS 地表温度数据

MODIS 地表温度数据起源于 EOS 计划的 Terra 和 Aqua 卫星。Terra 星于 1999 年 12 月从美国范登堡空军基地发射升空，Aqua 卫星于 2002 年 5 月 4 日发射成功。EOS 系列卫星上最主要的探测仪器是中分辨率成像光谱仪（MODIS），其最大空间分辨率可达 250 米。NASA 对 MODIS 数据实行全球免费接收的政策（TERRA 卫星除 MODIS 外的其他传感器获取的数据均采取公开有偿接收和有偿使用的政策）。MODIS 地表温度产品（MOD11A2）是由每日 1 km 地表温度/发射率产品

（MOD11A1）合成的，存储的是 8 天中晴好天气下的地表温度/发射率的平均值。MOD11A2 数据的填充值、数据范围等如表 9－1 所示：

表 9－1　MOD11A2 数据说明

数据	单位	类型	填充值	数据范围	比例因子
MOD11A2	开尔文	16 位无符号整数	0	7 500～65 535	0.02

【实验步骤】

三、南京市城市与非城市地区提取

第一，查询《中国城市统计年鉴》，得到 2010 年南京市城市建成区面积 619 平方公里。

第二，打开 ArcMap，单击标准工具条上【Add Data】（添加数据）工具添加数据"Nanjing_F182010_stable_lights_1km"。右键单击该栅格数据图层，选择【Properties】（属性），打开【Layer Properties】（图层属性）对话框，点击【Symbology】（符号化）选项卡，左侧选择【Categories】（类别）→【Unique values】（唯一值），单击【OK】按钮（图 9－1）；右键单击栅格图层，选择【Open Attribute Table】（打开属性表），打开的南京夜间灯光数据栅格属性表及影像显示如图 9－2 所示：

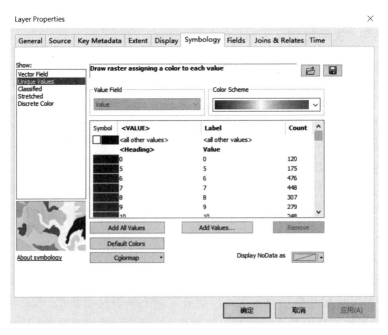

图 9－1　Symbology 制图参数设置

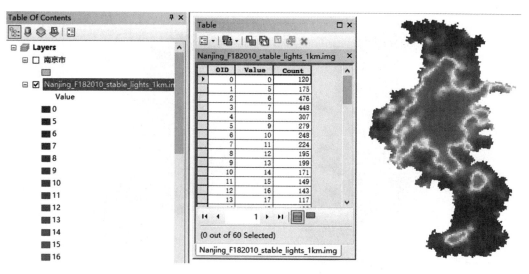

图 9-2　夜间灯光数据属性表及空间分布

第三,由于前述夜间灯光数据的空间分辨率约 1km * 1km,结合根据统计年鉴中查询的建成区统计面积(619 平方公里),本实验中应提取的南京城市建成区范围为夜间灯光数据像元值大于等于 59 的区域。具体的操作步骤包括:依次打开【System Toolboxes】(系统工具箱)→【Spatial Analysis Tools】(空间分析工具)→【Map Algebra】(地图代数)→【Raster Calculator】(栅格计算器),设置【Raster Calculator】中的计算表达式为:Con("Nanjing_F182010_stable_lights_1km. img">=59,1,0),设置输出文件为"Nanjing_Urbanlands. img"(图 9-3),建成区与非建成区提取结果如图 9-4 所示。

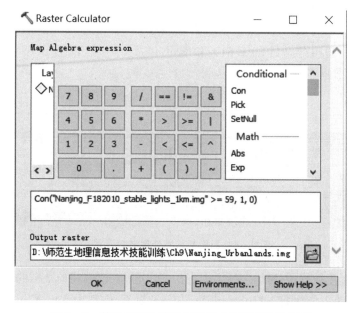

图 9-3　基于栅格计算器提取建成区范围参数设置

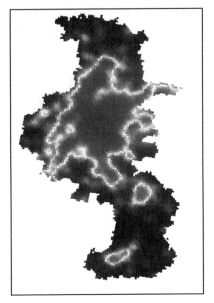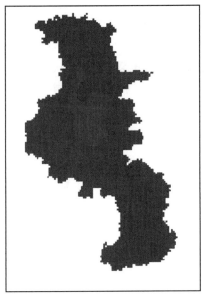

图 9-4　建成区提取结果（左：灯光影像；右：建成区提取结果）

四、城市热岛效应的季节变化分析

打开 MODIS 地表温度数据"MOD11A2.A2010089.006.2016035013537.2010.03.30.daytime.img"，基于前述提取的建成区与非建成区提取结果，依次打开【System Toolboxes】（系统工具箱）→【Spatial Analyst】（空间分析器）→【Extraction】（提取）→【Extract by Mask】（按掩膜提取）工具，利用"Extract by mask"＋"Batch"工具，设置【Input raster or feature mask data】（输入栅格或要素掩膜数据）为"Nanjing_Urbanlands.img"，批量提取 2010 年 3 月 30 日白天和夜间、2010 年 7 月 4 日白天和夜间、2010 年 9 月 30 日白天和夜间，以及 2010 年 12 月 27 日白天和夜间的南京地表温度数据子集（图 9-5）。

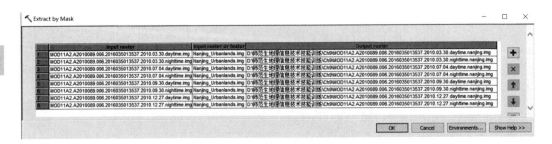

图 9-5　影像裁剪批处理参数设置

MODIS 温度数据预处理，包括根据表 9-1 去除填充值，将原数据的开尔文温度转换为摄氏温度等。依次打开【System Toolboxes】（系统工具箱）→【Spatial Analysis

Tools】(空间分析工具)→【Map Algebra】(地图代数)→【Raster Calculator】(栅格计算器),设置【Raster Calculator】中的计算表达式为:

SetNull((("MOD11A2. A2010089. 006. 2016035013537. 2010. 03. 30. daytime. nanjing. img" == 0) | ("MOD11A2. A2010089. 006. 2016035013537. 2010. 03. 30. daytime. nanjing. img" == 65535), "MOD11A2. A2010089. 006. 2016035013537. 2010. 03. 30. daytime. nanjing. img" * 0.02 - 273.15)

进一步设置输出栅格文件(Output raster)为:"Nanjing_MOD11A2_A20100330_LST_Day_1km_Temperature.img",单击【OK】按钮(图 9 - 6),输出 2010 年 3 月 30 日南京白天地表温度计算结果(图 9 - 7)。

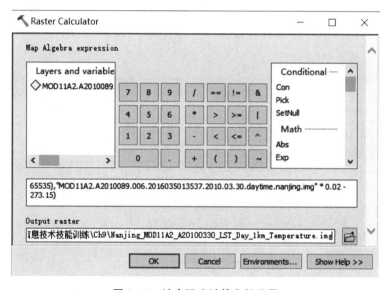

图 9 - 6　地表温度计算参数设置

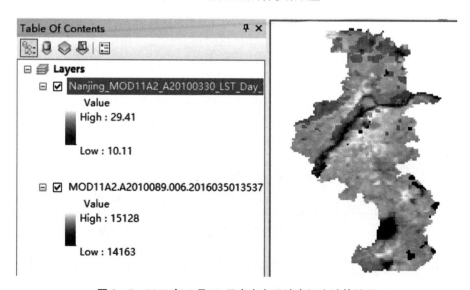

图 9 - 7　2010 年 3 月 30 日南京白天地表温度计算结果

利用前述提取转换的 2010 年 3 月 30 日白天南京地表温度数据"Nanjing_MOD11A2_A20100330_LST_Day_1km_Temperature. img",结合前述提取的建成区和非建成区空间分布数据"Nanjing_Urbanlands. img",计算南京城市与非城市用地的地表温度。具体实验步骤如下:依次打开【System Toolboxes】(系统工具箱)→【Spatial Analyst Tools】(空间分析工具)→【Zonal】(区域的)→【Zonal Statistics as Table】(区域统计为表格),【Input raster or feature zone data】(输入栅格或要素区域数据)设置为"Nanjing_Urbanlands. img",【Zone field】(区域字段)设置为"Value",【Input value raster】(输入值栅格)设置为"Nanjing_MOD11A2_A20100330_LST_Day_1km_Temperature. img",【Output table】(输出表格)文件名设置为"ZonalSt_Nanjing_MOD11A2_A20100330_LST_Day_1km_Temperature. dbf"(图 9 - 8),单击【OK】按钮,得到统计数据表(图 9 - 9)。

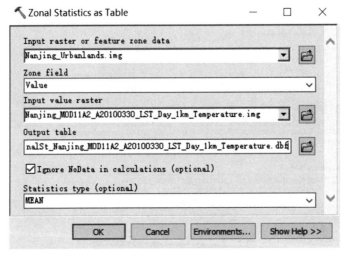

图 9 - 8　区域统计为表格参数设置

OID	Value	COUNT	AREA	MEAN
0	0	5767	5767000000	23. 37704
1	1	715	715000000	25. 000098

图 9 - 9　2010 年 3 月 30 日白天南京地表温度区域统计结果

2010 年 3 月 30 日夜间南京地表温度计算。依次打开【System Toolboxes】(系统工具箱)→【Spatial Analysis Tools】(空间分析工具)→【Map Algebra】(地图代数)→

【Raster Calculator】(栅格计算器),设置【Raster Calculator】中的计算表达式为:

SetNull(("MOD11A2. A2010089. 006. 2016035013537. 2010. 03. 30. nighttime. nanjing. img" == 0) | ("MOD11A2. A2010089. 006. 2016035013537. 2010. 03. 30. nighttime. nanjing. img" == 65535), "MOD11A2. A2010089. 006. 2016035013537. 2010. 03. 30. nighttime. nanjing. img" * 0. 02 - 273. 15)

进一步设置输出【Output raster】(输出栅格文件)为:"Nanjing_MOD11A2_A20100330_LST_night_1km_Temperature. img",单击【OK】按钮(图 9 - 10),输出 2010 年 3 月 30 日南京夜间地表温度计算结果(图 9 - 11)。

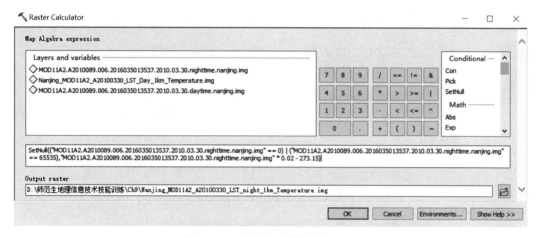

图 9 - 10　地表温度计算参数设置

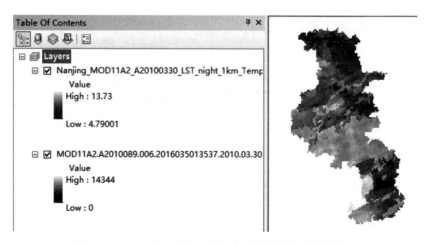

图 9 - 11　2010 年 3 月 30 日南京夜间地表温度计算结果

依次打开【System Toolboxes】(系统工具箱)→【Spatial Analyst Tools】(空间分析工具)→【Zonal】(区域的)→【Zonal Statistics as Table】(区域统计为表格),【Input raster or feature zone data】(输入栅格或要素区域数据)设置为"Nanjing_Urbanlands. img",【Zone field】(区域字段)设置为"Value",【Input value raster】(输

入值栅格）设置为" MOD11A2. A2010089. 006. 2016035013537. 2010. 03. 30. nighttime. nanjing. img"，【Output table】（输出表格）文件名设置为"ZonalSt_Nanjing_MOD11A2_A20100330_LST_night_1km_Temperature. dbf"，单击【OK】按钮（图 9－12），输出统计数据表（图 9－13）。

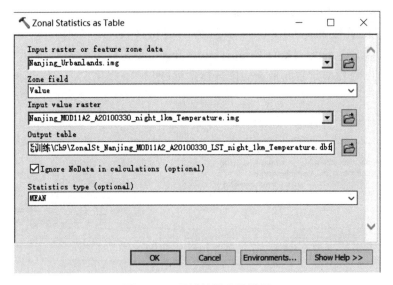

图 9－12　区域统计参数设置

图 9－13　2010 年 3 月 30 日夜间南京地表温度区域统计结果

利用【Extract by mask】+【Batch】工具进行 2010 年 7 月 4 日、9 月 30 日、12 月 27 日白天和夜间南京地表温度的批处理计算。依次打开【System Toolboxes】（系统工具箱）→【Spatial Analysis Tools】（空间分析工具）→【Map Algebra】（地图代数）→【Raster Calculator】（栅格计算器），【Raster Calculator】的批处理参数设置为：

SetNull((" MOD11A2. A2010089. 006. 2016035013537. 2010. 07. 04. daytime. nanjing. img" == 0) | ("MOD11A2. A2010089. 006. 2016035013537. 2010. 07. 04. daytime. nanjing. img" == 65535)," MOD11A2. A2010089. 006. 2016035013537. 2010. 07. 04. daytime. nanjing. img" * 0. 02 - 273. 15)D:\师范生地理信息技术技能训练\Ch9\Nanjing_MOD11A2_A20100704_LST_day_1km_Temperature. img

SetNull((("MOD11A2. A2010089. 006. 2016035013537. 2010. 07. 04. nighttime. nanjing. img" == 0) | ("MOD11A2. A2010089. 006. 2016035013537. 2010. 07. 04. nighttime. nanjing. img" == 65535), " MOD11A2. A2010089. 006. 2016035013537. 2010. 07. 04. nighttime. nanjing. img" * 0. 02 - 273. 15)D:\师范生地理信息技术技能训练\Ch9\Nanjing_MOD11A2_A20100704_LST_night_1km_Temperature. img

SetNull((("MOD11A2. A2010089. 006. 2016035013537. 2010. 09. 30. daytime. nanjing. img" == 0) | ("MOD11A2. A2010089. 006. 2016035013537. 2010. 09. 30. daytime. nanjing. img" == 65535), " MOD11A2. A2010089. 006. 2016035013537. 2010. 09. 30. daytime. nanjing. img" * 0. 02 - 273. 15)D:\师范生地理信息技术技能训练\Ch9\Nanjing_MOD11A2_A20100930_LST_day_1km_Temperature. img

SetNull((("MOD11A2. A2010089. 006. 2016035013537. 2010. 09. 30. nighttime. nanjing. img" == 0) | ("MOD11A2. A2010089. 006. 2016035013537. 2010. 09. 30. nighttime. nanjing. img" == 65535), " MOD11A2. A2010089. 006. 2016035013537. 2010. 09. 30. nighttime. nanjing. img" * 0. 02 - 273. 15)D:\师范生地理信息技术技能训练\Ch9\Nanjing_MOD11A2_A20100930_LST_night_1km_Temperature. img

SetNull((("MOD11A2. A2010089. 006. 2016035013537. 2010. 12. 27. daytime. nanjing. img" == 0) | ("MOD11A2. A2010089. 006. 2016035013537. 2010. 12. 27. daytime. nanjing. img" == 65535), " MOD11A2. A2010089. 006. 2016035013537. 2010. 12. 27. daytime. nanjing. img" * 0. 02 - 273. 15)D:\师范生地理信息技术技能训练\Ch9\Nanjing_MOD11A2_A20101227_LST_day_1km_Temperature. img

SetNull((("MOD11A2. A2010089. 006. 2016035013537. 2010. 12. 27. nighttime. nanjing. img" == 0) | ("MOD11A2. A2010089. 006. 2016035013537. 2010. 12. 27. nighttime. nanjing. img" == 65535), " MOD11A2. A2010089. 006. 2016035013537. 2010. 12. 27. nighttime. nanjing. img" * 0. 02 - 273. 15)D:\师范生地理信息技术技能训练\Ch9\Nanjing_MOD11A2_A20101227_LST_night_1km_Temperature. img

完成前述参数设置后(图9-14),单击【OK】按钮,输出6期计算结果如图9-15所示:

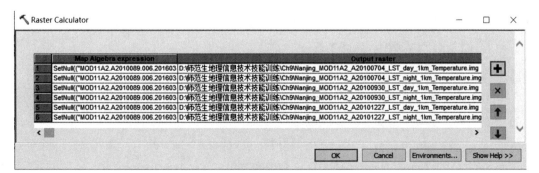

图9-14　地表温度批处理计算设置

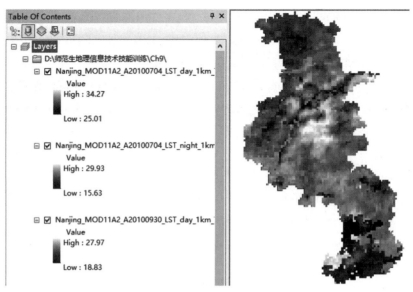

图 9‒15　地表温度批处理计算结果

利用【Zonal Statistics as Table】＋【Batch】工具进行 2010 年 7 月 4 日、9 月 30 日、12 月 27 日白天和夜间南京地表温度的批处理区域统计计算。依次打开【System Toolboxes】(系统工具箱)→【Spatial Analyst Tools】(空间分析工具)→【Zonal】(区域的)→【Zonal Statistics as Table】(区域统计为表格)，【Zonal Statistics as Table】的批处理参数根据图 9‒16 设置。

图 9‒16　区域统计批处理设置

单击 OK 按钮，输出结果如图 9‒17 至图 9‒22 所示。

OID	Value	COUNT	AREA	MEAN
0	0	4461	4461000000	29.432047
1	1	696	696000000	31.272929

ZonalSt_Nanjing_MOD11A2_A20100704_LST_day_1km_Tempe...

图 9‒17　2010 年 7 月 4 日白天南京地表温度区域统计结果

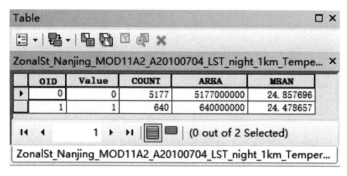

图 9-18　2010 年 7 月 4 日夜间南京地表温度区域统计结果

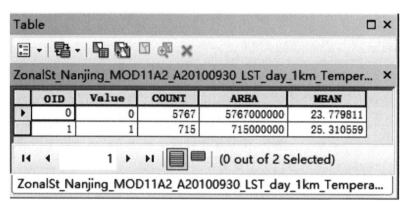

图 9-19　2010 年 9 月 30 日白天南京地表温度区域统计结果

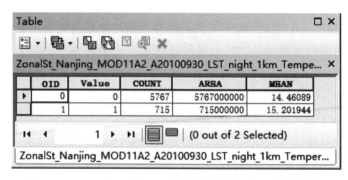

图 9-20　2010 年 9 月 30 日夜间南京地表温度区域统计结果

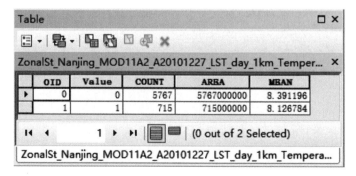

图 9-21　2010 年 12 月 27 日白天南京地表温度区域统计结果

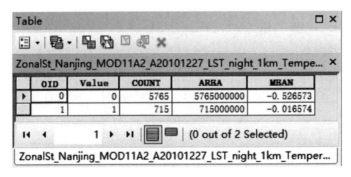

图9‒22　2010年12月27日夜间南京地表温度区域统计结果

五、南京城市热岛效应分析

通过开展本实验探究发现,城市热岛效应不仅在空间上呈现出分异性,在昼夜、季节上也呈现出复杂变化特点。根据前述计算,南京白天平均温度高于夜间平均温度。而在空间分布上,南京城市建成区和非建成区的温度呈现一定的分异,并且会随着季节的变化而略有变化。譬如,南京城市建成区平均温度通常高于非建成区平均温度,但是也有例外,如冬季白天及夏天夜间的地表温度。

城市热岛差异往往与以下原因有关:① 地表热环境的差异及其产生的地表热储存和热释放。② 城市地表冠层导致的太阳光多次反射,使地表对太阳辐射的反照率降低,吸收率增加。③ 城市冠层的多次反射吸收,使城市地表热释放效率降低,主要表现在比辐射率上。④ 因城市的弱透水性,用于潜热蒸发的能量中城市地区比乡村地区少得多,更多的能量用于加热大气和地表。⑤ 人为热源。

9

第十章
区域开发与整治——水土流失探究

扫码查看
本章资源

第一节　水土流失和土壤侵蚀概述

　　水土流失通常是指由于自然或人为因素的影响,降水不能就地消纳而顺势下流及冲刷土壤,从而造成水分和土壤流失的现象。《中华人民共和国水土保持法》中所指的水土流失包括水的损失和土壤侵蚀两方面的内容。跨学科视角下,水土流失具有显著的学科融合属性。中学地理教学中,水土流失也具有较高的教学价值和素养提升价值。对水土流失的认识和综合治理是中学地理教学的重要内容之一。水土流失往往会进一步导致土地退化、土壤养分流失和地表污染等问题。水土流失的常见原因包括自然因素(如气候、地形、植被、土壤等方面)和人为因素(包括不合理的耕作制度、毁林开荒、乱砍滥伐等)两个方面。通常地形坡度越大,土质越疏松,植被覆盖率越低,降水越多越集中,强度越大,土壤侵蚀作用就越强,水土流失越严重。

　　土壤侵蚀是一个全球性的问题。1960 年,美国科学家 Wischmeier 和 Smith 在总结前人研究成果的基础上,根据土壤侵蚀观测试验和近万个径流小区试验资料,提出了通用土壤流失方程式(The Universal Soil Loss Equation,USLE),该方程由于原理简单,参数较少,在水土流失计算中得到广泛应用。1987 年,美国农业研究局和土壤保持局联合其他有关单位开展了旨在修正通用土壤流失方程式的专项研究,并于 1991 年提出了修正后的通用土壤流失方程式(RUSLE),并于 1994 年被美国土壤保持局(SCS)确定为官方的土壤保持预报和规划工具。欧洲土壤侵蚀模型 EUROSEM(European soil erosion model)是根据欧洲土壤侵蚀研究成果开发的,用于预报田间与流域的土壤流失,在欧洲取代了 USLE 形式的统计方程。此外,澳大利亚、加拿大、新西兰以及许多发展中国家也在水土流失动态监测和评价方面做了大量研究与试验,在应用方面取得了许多进展。尽管如此,通用土壤流失方程式(USLE)是迄今为止预报土壤水力侵蚀最有效的方法,目前已在世界许多国家得到了广泛应用。根据《普通高中地理课程标准(2017 年版 2020 年修订)》中的教学与评价建议:"设计模拟实验活动,要引导学生经历相对完整、规范的科学研究过程,从实验方案设计到实验过程的观察、记录、操作实施、数据处理分析,最后撰写实验报告及

10

汇报交流,培养动手实践能力及求真求实的科学态度。"若有专业力量的支持,教师可以利用计算机模拟软件进行水循环、河流侵蚀等自然地理过程的学习。

　　长期以来,由于人类活动和自然因素的双重作用,黄土高原的生态环境遭受严重破坏,导致水土流失、沙漠化、生态退化等问题。黄土高原曾经是我国乃至世界上水土流失和土壤侵蚀最严重的地区之一。在此背景下,本章以黄土高原为案例地区,从土壤侵蚀视角,利用通用土地侵蚀模型(USLE)估算黄土高原的水土流失强度,进而分析可能的水土保持措施。

第二节　水土流失防治强度建模原理

　　本节设计利用通用土地侵蚀模型(USLE)估算黄土高原的土壤流失量和水土流失防治强度。根据 USLE 方法,土壤侵蚀量(E)主要指由降雨和径流引起的坡面细沟或细沟间侵蚀的年均土壤流失量:

$$E=R\times K\times LS\times P\times C \tag{式 10-1}$$

式中,E 为土壤侵蚀量,单位为 sht/(ac·y),即美短吨/(英亩·年);R 为降水及径流因子,单位为 100ft sht in/ac hr y,即 100 英尺·美短吨·英寸/(英亩·小时·年);K 为土壤侵蚀性因子 sht ac h / 100ft sht ac in,即美短吨·英亩·小时/(100 英亩·英尺·美短吨·英寸);LS 为地形因子;P 为水土保护措施因子;C 为地表植被覆盖因子。LS、P 和 C 均为无量纲因子。

　　需要注意的是,对于 E 值,我国常用单位为 t /(km²·a),由美制单位 sht /(ac·y)转换为我国常用单位 t /(km²·a)需要乘以转换系数 $f=224.2$,式 10-1 变为

$$E=f\times R\times K\times LS\times P\times C \tag{式 10-2}$$

　　R 值为降雨侵蚀力因子,它反映降雨引起土壤流失的潜在能力。降雨侵蚀力因子 R 是一项评价降雨引起的土壤分离和搬运的动力指标,反映了降雨对土壤侵蚀的潜在能力(刘爱霞等,2009)。Wischmeier and Smith (1978)提出了使用月降雨资料推求降雨侵蚀力因子。通过对各种算法性能进行比较并结合气候资料状况,基于月降雨资料,本实验采用 ARNOLDUS 等人修改的 Wischmeier 方程(1978)来计算 R 值如下:

$$R=\sum_{i=1}^{12}1.735\times10^{1.5\log\frac{P_i^2}{P}-0.08188} \tag{式 10-3}$$

其中,P_i 为第 i 月的平均降水量(单位:mm);P 为年降雨量(单位:mm)。

　　K 值为土壤可蚀性因子,它是衡量土壤抗蚀性的指标,用于反映土壤对侵蚀的敏感性。Williams 等(1990)在 EPIC 模型中提出了土壤可蚀性因子 K 值的估算方法,计算公式如下:

10

$$K=(0.2+0.3\exp(-0.0256SAN(1-SIL/100)))(SIL/(CLA+SIL))^{0.3}$$
$$(1.0-0.25C/(C+\exp(3.72-2.95C)))(1.0-0.7SN1/$$
$$(SN1+\exp(-5.51+22.9SN1)))\qquad(式10-4)$$

式中,SAN、SIL、CLA 和 C 分别为土壤中砂、粉、粘粒和有机碳含量比例(%);$SN1=1-SAN/100$;合理的 K 值变化范围在 0.1 到 0.5 之间。

LS 为地形(坡长坡度)因子(无量纲)。其中 L 为坡长因子,被定义为坡长的幂函数,S 为坡度因子。LS 表示在其他条件不变的情况下,某给定坡长和坡度的坡面上土壤流失量与标准径流小区典型坡面上土壤流失量的比值,它对土壤侵蚀起加速作用。本章采用 Hickey 等人提出的方法来计算地形因子(Hickey 等,1994)。

$$LS=(\lambda/72.6)^{m}\times(65.41\sin 2\beta+4.56\sin\beta+0.065)\qquad(式10-5)$$

式中,LS 为坡度坡长因子,λ 为坡长,β 为坡度(弧度),m 为随坡度变化的变量。当坡度≥2.86°时,$m=0.5$;坡度为 1.72°~2.86° 时,$m=0.4$;坡度为 0.57°~1.72° 时,$m=0.3$;坡度<0.57°时,$m=0.2$。

坡长研究受到流域地貌学、坡地水文学和土壤侵蚀学等方面研究者们的关注,因而坡长主要包括三个方面:坡面长度(地貌学坡长)、径流线长度(水文学坡长)和基于侵蚀沉积特征的坡长(侵蚀学坡长)(张宏鸣,2012)。本实验中,坡长 L 按下式计算:

$$L=DEM/\sin((slope\times\pi)/180)\qquad(式10-6)$$

C 为覆盖与管理因子(Cover-management Factor)(无量纲),指在其他因子相同的条件下,在某一特定作物或植被覆盖下的土壤流失量与耕种后的连续休闲地的流失量的比值。该因子衡量植被覆盖和经营管理对土壤侵蚀的抑制作用;P 为水土保持措施因子(Support Practice Factor)(无量纲),指采取水土保持措施后的土壤流失量与顺坡种植的土壤流失量的比值。根据土地利用现状图,参考前人研究结果,将 C 值和 P 值赋予相应的土地利用类型(表 10-1)。

表 10-1 不同土地利用/覆被类型的 C 因子和 P 因子经验值

	水田	旱地	有林地	疏林地	其他林地	高覆盖度草地	中覆盖度草地	低覆盖度草地	水域	居民点建设用地	裸岩
C	0.12	0.31	0.006	0.02	0.05	0.02	0.03	0.04	0	0	0
P	0.01	0.4	1	1	0.6	1	0.9	0.8	0	0	0

容许土壤流失量指长时期内能保持土壤肥力和维持土地生产力所允许的最大土壤侵蚀强度,是一个地区是否产生水土流失的判别标准,黄土高原容许土壤流失量目前采用的值为 1 000 t/(km² · a)。具体来说,土壤侵蚀模数小于 1 000 t/(km² · a)的地区为微度侵蚀区,通常不需要布设水土保持措施,土壤侵蚀模数大于 1 000 t/(km² · a)的地区为轻度及以上侵蚀区,一般需要布设水土保持措施。

10

第三节　水土流失案例分析——以黄土高原为例

一、实验目的与实验区概况

1. 实验目的

通过本实验掌握基于 GIS 栅格计算器的年均土壤侵蚀量的研究框架与技术路线，了解该方法在生态环境领域的具体应用，并能够借鉴用于其他相关领域的分析。

2. 实验区概况

本实验选择黄土高原作为实验区（图 10-1）。黄土高原位于黄河中游，总面积约 64 万平方千米，属于温带大陆性气候，年均降雨量为 250～600 mm。其中，80％降雨集中在 6～9 月，且以暴雨形式为主。从空间分布来看，东南部降雨量高，从东南部至西北部降雨逐渐减少。黄土高原具有连续的第四纪黄土堆积，除土石山区黄土厚度低于 50 米外，其余区域黄土厚度为 50～300 米。黄土高原地貌主要由高塬沟壑区（塬面地形为主）和丘陵沟壑区（梁峁为主）组成。黄土高原塬面的原始植被为温带草原，沟谷底部和土石山区的原始植被为针叶和落叶阔叶混交林。从地带性植被来看，黄土高原主要分布有 5 种植被类型，即森林、森林草原、典型草原、荒漠草原和草原化荒漠。

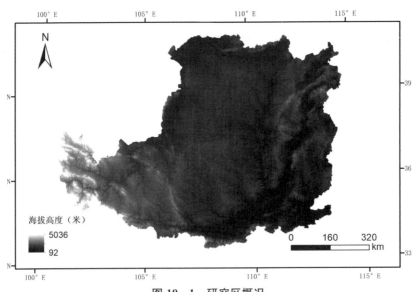

图 10-1　研究区概况

随着人口增长、农业发展，以及城市建设对土地、粮食等需求的不断增加，黄土高原的自然森林和草原植被几乎破坏殆尽，生态环境遭到严重破坏。陕西、甘肃等地出现了严重的土壤侵蚀，土地出现了严重的沙化和荒漠化问题，形成了目前黄土高原沟壑纵横、秃岭荒山的地貌特征。黄土高原大多数区域存在严重的土壤侵蚀问题，是世界上水土流失最为严重的区域之一。

二、数据获取与处理

本章使用的数据主要包括：2010 年黄土高原地区土地利用数据、DEM 数据、土壤数据及其他数据等。土地利用数据来源于中国土地利用现状遥感监测数据库。该数据以 Landsat TM/ETM＋遥感影像为主要数据源，通过人工目视解译生成。本数据将土地利用类型分为包括耕地、林地、草地、水域、建设用地和未利用地在内的 6 个一级类和有林地、灌木林、疏林地、其他林地和高、中、低覆盖度草地等 25 个二级类型。DEM 数据源于中国西部环境与生态科学数据中心（http://westdc. westgis. ac. cn/）。土壤数据来源于联合国粮农组织编制的世界土壤数据库（HWSD）。HWSD 提供了很多关键土壤参数，包括土壤质地（砂质土、粉质土和粘质土）、粒径大小、土壤深度和土壤有机质等。

三、年平均土壤侵蚀量的计算

1. 加载数据

打开 ArcMap，单击标准工具条【Add Data】（添加数据）工具，加载 2001—2014 年黄土高原逐月降水量数据；

2. 2001 至 2014 年降水量计算

（1）2001 至 2014 年逐月平均降水量计算。

依次打开【System Toolboxes】（系统工具箱）→【Spatial Analyst Tools】（空间分析工具）→【Local】（局域分析）→【Cell Statistics】（像元统计），【Input rasters or constant values】（输入栅格或常量值）依次选择 2001 至 2014 年黄土高原 1 月份降水量数据，【Output raster】（输出栅格数据）设置为：LP_pre_Jan. img，【Overlay statistics】（叠置统计）设置为计算 mean（均值）（图 10 - 2），单击【OK】按钮输出结果。

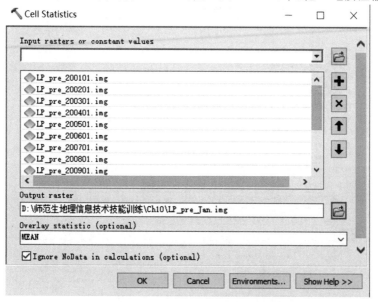

图 10 - 2　Cell Statistics 参数设置

对于 2001 至 2014 年 2 月至 12 月的月平均降水量，设计利用批处理工具完成。参照上述步骤，设置【Cell Statistics】的批处理参数如图 10‑3 所示。单击【OK】按钮输出各月平均降水量结果。

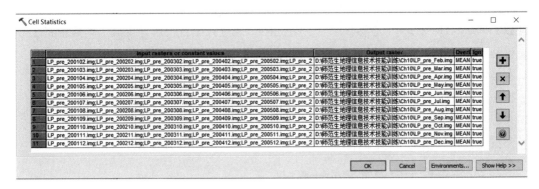

图 10‑3　月平均降水量批处理参数设置

（2）2001 至 2014 年年平均降水量计算。

依次打开【System Toolboxes】→【Spatial Analyst Tools】（空间分析工具）→【Local】（局域分析）→【Cell Statistics】（像元统计），【Input rasters or constant values】（输入栅格或常量值）依次选择前述计算的 2001 至 2014 年黄土高原 1～12 份平均降水量数据，【Output raster】（输出栅格数据）设置为：LP _ pre _ 2001to2014mean. img，【Overlay statistics（optional）】（叠置统计）选择计算 Sum（总和）（图 10‑4），单击【OK】按钮输出黄土高原年平均降水量。

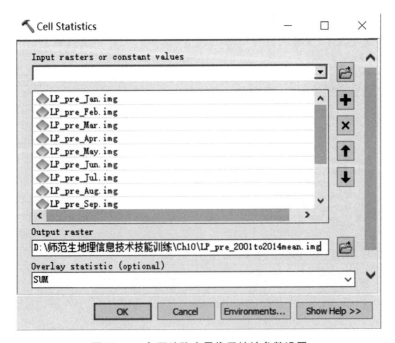

图 10‑4　年平均降水量像元统计参数设置

3. 降雨侵蚀力因子 R 的计算

依次打开【System Toolboxes】(系统工具箱)→【Spatial Analyst Tools】(空间分析工具)→【Map Algebra】(地图代数)→【Raster Calculator】(栅格计算器),【Output raster】(输出栅格)设置为"LP_R. img",计算表达式设置如下(图 10-5),单击【OK】按钮完成计算,输出的 R 值如图 10-6 所示。

$1.735 * Power(10, 1.5 * Log10(("LP\_pre\_Jan. img" + 0.01) * ("LP\_pre\_Jan. img" + 0.01)/"LP\_pre\_2001to2014mean. img") - 0.08188) + 1.735 * Power(10, 1.5 * Log10(("LP\_pre\_Feb. img" + 0.01) * ("LP\_pre\_Feb. img" + 0.01)/"LP\_pre\_2001to2014mean. img") - 0.08188) + 1.735 * Power(10, 1.5 * Log10("LP\_pre\_Mar. img" * "LP\_pre\_Mar. img"/"LP\_pre\_2001to2014mean. img") - 0.08188) + 1.735 * Power(10, 1.5 * Log10("LP\_pre\_Apr. img" * "LP\_pre\_Apr. img"/"LP\_pre\_2001to2014mean. img") - 0.08188) + 1.735 * Power(10, 1.5 * Log10("LP\_pre\_May. img" * "LP\_pre\_May. img"/"LP\_pre\_2001to2014mean. img") - 0.08188) + 1.735 * Power(10, 1.5 * Log10("LP\_pre\_Jun. img" * "LP\_pre\_Jun. img"/"LP\_pre\_2001to2014mean. img") - 0.08188) + 1.735 * Power(10, 1.5 * Log10("LP\_pre\_Jul. img" * "LP\_pre\_Jul. img"/"LP\_pre\_2001to2014mean. img") - 0.08188) + 1.735 * Power(10, 1.5 * Log10("LP\_pre\_Aug. img" * "LP\_pre\_Aug. img"/"LP\_pre\_2001to2014mean. img") - 0.08188) + 1.735 * Power(10, 1.5 * Log10("LP\_pre\_Sep. img" * "LP\_pre\_Sep. img"/"LP\_pre\_2001to2014mean. img") - 0.08188) + 1.735 * Power(10, 1.5 * Log10("LP\_pre\_Oct. img" * "LP\_pre\_Oct. img"/"LP\_pre\_2001to2014mean. img") - 0.08188) + 1.735 * Power(10, 1.5 * Log10("LP\_pre\_Nov. img" * "LP\_pre\_Nov. img"/"LP\_pre\_2001to2014mean. img") - 0.08188) + 1.735 * Power(10, 1.5 * Log10(("LP\_pre\_Dec. img" + 0.01) * ("LP\_pre\_Dec. img" + 0.01)/"LP\_pre\_2001to2014mean. img") - 0.08188)$

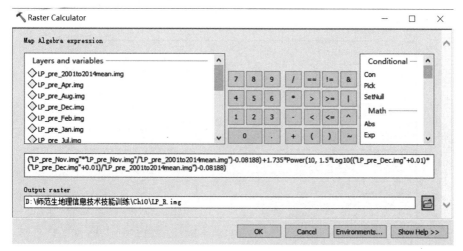

图 10-5　R 值计算参数设置

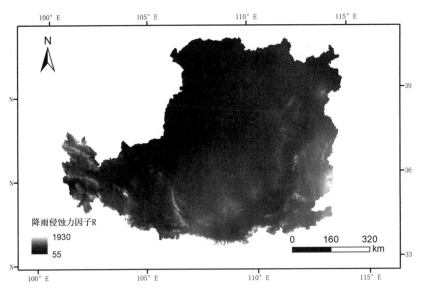

图 10-6　R 值计算结果

4. 土壤可蚀性因子 K 值的计算

依次打开【System Toolboxes】(系统工具箱)→【Spatial Analyst Tools】(空间分析工具)→【Map Algebra】(地图代数)→【Raster Calculator】(栅格计算器),【Output raster】(输出栅格)设置为"LP_K.img"(图 10-7),计算表达式设置如下:

$0.1317 * (0.2+0.3 * \text{Exp}(-0.0256 * "LP\_K\_sand.img" * (1-"LP\_K\_silt.img" * 0.01))) * \text{Power}(\text{Float}("LP\_K\_silt.img")/("LP\_K\_clay.img"+"LP\_K\_silt.img"), 0.3) * (1.0-(0.25 * "LP\_K\_oc.img")/("LP\_K\_oc.img"+\text{Exp}(3.72-2.95 * "LP\_K\_oc.img"))) * (1.0-0.7 * (1-"LP\_K\_sand.img" * 0.01)/(1-"LP\_K\_sand.img" * 0.01+\text{Exp}(-5.51+22.9 * (1-"LP\_K\_sand.img" * 0.01))))$

单击【OK】按钮完成计算,输出的土壤可蚀性因子 K 值如图 10-8 所示。

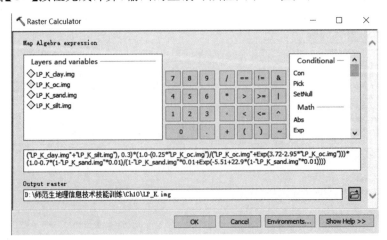

图 10-7　K 值计算参数设置

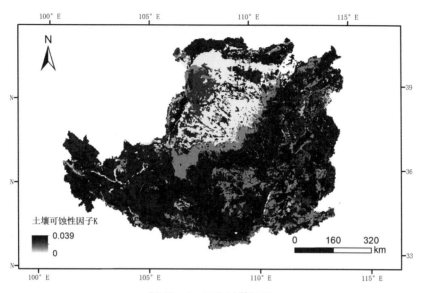

图 10 - 8　K 值计算结果

5. m 因子的计算

（1）依次打开【System Toolboxes】（系统工具箱）—【Spatial Analysis Tools】（空间分析工具）→【Surface】（表面）→【Slope】（坡度），设置输出黄土高原的地形坡度，选择【Input Features】（输入栅格文件）为"LP_DEM_Resample. img"，输出栅格设置为"LP_DEM_Resample_slope_degree. img"，【Output measurement】（输出测度方式）选择"Degree"（度），其他参数采用缺省值，单击 OK 按钮（图 10 - 9），计算得到地形坡度（度数）数据。

图 10 - 9　坡度计算参数设置

10

（2）依次打开【System Toolboxes】（系统工具箱）→【Spatial Analyst Tools】（空间分析工具）→【Map Algebra】（地图代数）→【Raster Calculator】（栅格计算器），【Output raster】（输出栅格）设置为"LP_DEM_Resample_slope_radian. img"，计算表

达式设置为""LP_DEM_Resample_slope_radian. img" ＊ 3. 1415926 / 180"(图 10 - 10)，
单击【OK】完成计算，输出的地形坡度(弧度单位)计算结果如图 10 - 11 所示。

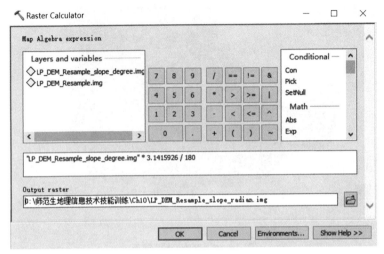

图 10 - 10　转换弧度单位参数设置

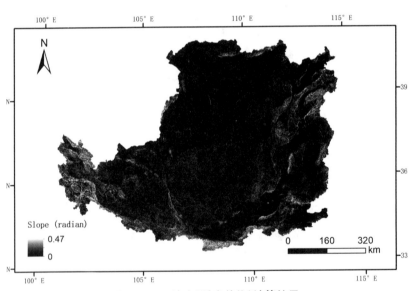

图 10 - 11　坡度(弧度单位)计算结果

（3）依次打开【System Toolboxes】(系统工具箱)→【Spatial Analyst Tools】(空
间分析工具)→【Map Algebra】(地图代数)→【Raster Calculator】(栅格计算器)，
【Output raster】(输出栅格)设置为"LP_LS_m. img"，栅格计算表达式设置如下：

（（"LP_DEM_Resample_slope. img"＜2. 86）＝＝0）＊ 0. 5＋（（"LP_DEM_
Resample_slope. img"＜2. 86）＆（"LP_DEM_Resample_slope. img"＞＝1. 72））＊
0. 4＋（（"LP_DEM_Resample_slope. img"＜1. 72）＆（"LP_DEM_Resample_slope.
img"＞＝0. 57））＊ 0. 3＋（（"LP_DEM_Resample_slope. img"＞0. 57）＝＝0）＊ 0. 2

单击【OK】按钮完成计算（图 10 - 12），输出的 m 因子计算结果如图 10 - 13 所示。

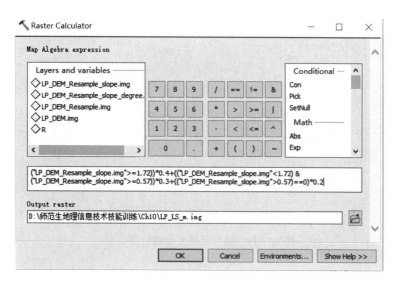

图 10 - 12　m 参数计算设置

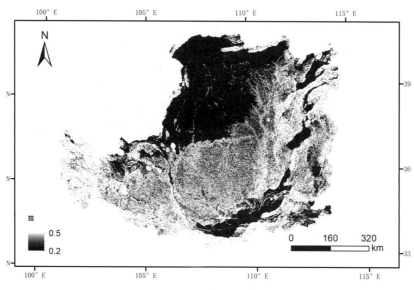

图 10 - 13　m 参数计算结果

6. 坡长因子 L 的计算

　　打开【System Toolboxes】（系统工具箱）→【Spatial Analyst Tools】（空间分析工具）→【Map Algebra】（地图代数）→【Raster Calculator】（栅格计算器），计算表达式设置为""LP_DEM_Resample. img" / Sin(("LP_DEM_Resample_slope_degree. img" * 3.1415926) / 180)"（图 10 - 14），【Output raster】（输出栅格）设置为"LP_LS_L. img"，单击【OK】完成计算，输出的坡长因子 L 如图 10 - 15 所示。

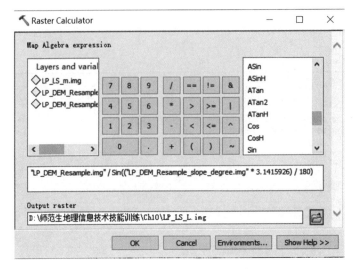

图 10 - 14　坡长因子 L 参数计算设置

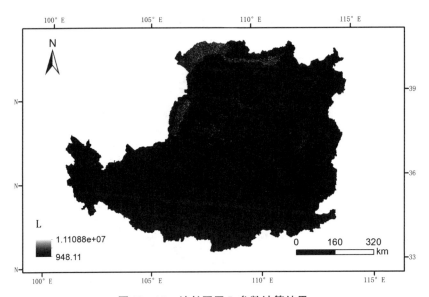

图 10 - 15　坡长因子 L 参数计算结果

7. 地形因子 LS 的计算

打开【System Toolboxes】→【Spatial Analyst Tools】(空间分析工具)→【Map Algebra】(地图代数)→【Raster Calculator】(栅格计算器),计算表达式按图 10 - 16 设置,【Output raster】(输出栅格)设置为"LP_LS. img",单击【OK】完成计算,输出的地形因子 LS 如图 10 - 17 所示。

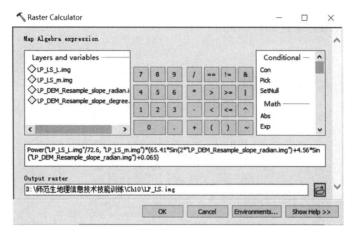

图 10-16　地形因子 LS 计算参数设置

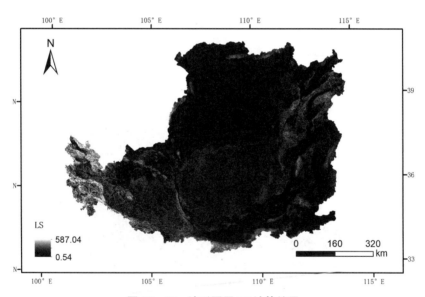

图 10-17　地形因子 LS 计算结果

8. 覆盖与管理因子 C 计算

打开【System Toolboxes】(系统工具箱)→【Spatial Analyst Tools】(空间分析工具)→【Map Algebra】(地图代数)→【Raster Calculator】(栅格计算器),计算表达式如下:

(("LP_Landuse.img"! =11)==0) * 0.12+(("LP_Landuse.img"! =12)==0) * 0.31+(("LP_Landuse.img"! =21)==0) * 0.006+(("LP_Landuse.img"! =22)==0) * 0.05+(("LP_Landuse.img"! =23)==0) * 0.02+(("LP_Landuse.img"! =24)==0) * 0.05+(("LP_Landuse.img"! =31)==0) * 0.02+(("LP_Landuse.img"! =32)==0) * 0.03+(("LP_Landuse.img"! =33)==0) * 0.04

【Output raster】(输出栅格)设置为"LP_C.img"(图 10-18),单击【OK】完成计算,输出的覆盖与管理因子 C 如图 10-19 所示。

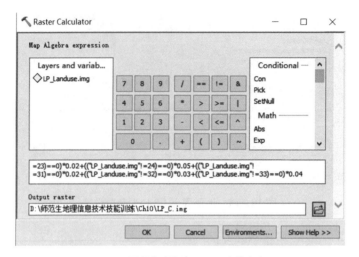

图 10-18　覆盖与管理因子 C 计算参数设置

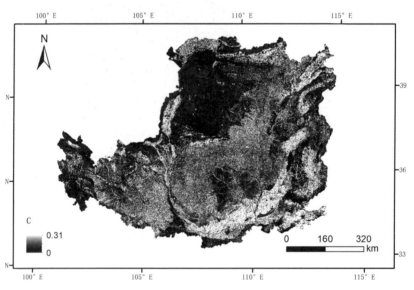

图 10-19　覆盖与管理因子 C 计算结果

9. 水土保持措施因子 P 计算

打开【System Toolboxes】(系统工具箱)→【Spatial Analyst Tools】(空间分析工具)→【Map Algebra】(地图代数)→【Raster Calculator】(栅格计算器),计算表达式设置如下:

(("LP_Landuse.img"! =11)==0) * 0.01+(("LP_Landuse.img"! =12)==0) * 0.4+(("LP_Landuse.img"! =21)==0) * 1+(("LP_Landuse.img"! =22)==0) * 0.6+(("LP_Landuse.img"! =23)==0) * 1+(("LP_Landuse.

img"! ＝24)＝＝0) ＊ 0.6＋((″LP_Landuse. img"! ＝31)＝＝0) ＊ 1＋((″LP_Landuse. img"! ＝32)＝＝0) ＊ 0.9＋((″LP_Landuse. img"! ＝33)＝＝0) ＊ 0.8

【Output raster】(输出栅格)设置为"LP_P.img"(图 10 - 20),单击【OK】完成计算,输出的水土保持措施因子 P 结果如图 10 - 21 所示。

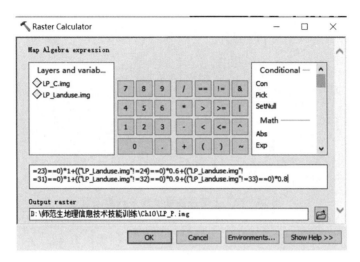

图 10 - 20 水土保持措施因子 P 计算参数设置

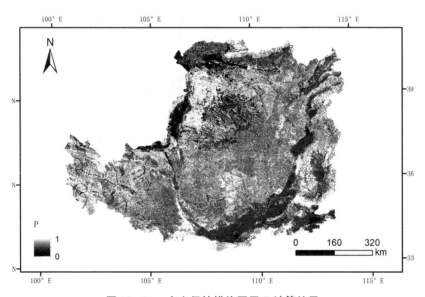

图 10 - 21 水土保持措施因子 P 计算结果

10. 土壤侵蚀量计算参数 E 计算

打开【System Toolboxes】→【Spatial Analyst Tools】(空间分析工具)→【Map Algebra】(地图代数)→【Raster Calculator】(栅格计算器),计算表达式设置如下:224.2 ＊ "LP_R. img" ＊ "LP_K. img" ＊ "LP_LS. img" ＊ "LP_C. img" ＊ "LP_P. img"。【Output raster】(输出栅格)设置为"LP_E. img"(图 10 - 22),单击【OK】完

成计算,输出的土壤侵蚀量参数 E 结果如图 10‐23 所示。

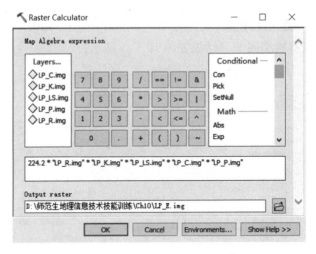

图 10‐22　土壤侵蚀量参数 E 计算设置

图 10‐23　土壤侵蚀量 E 计算结果

11. 土壤侵蚀量分级参数设置

打开【System Toolboxes】(系统工具箱)→【Spatial Analyst Tools】(空间分析工具)→【Map Algebra】(地图代数)→【Raster Calculator】(栅格计算器),计算表达式设置如下:Con("LP_E.img">=1000,1,0)。【Output raster】(输出栅格)设置为"LP_E_classify.img"(图 10‐24),单击【OK】完成计算,输出的土壤侵蚀量结果如图 10‐25 所示。

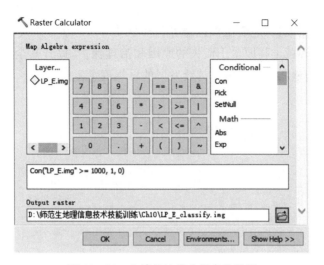

图 10‑24 土壤侵蚀量分级参数设置

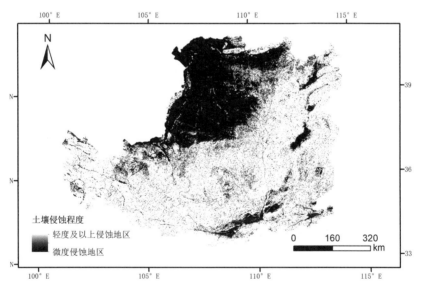

图 10‑25 土壤侵蚀量分级结果

四、实验结果分析

黄土高原是我国水土流失最严重的地区,其形成主要与黄土土质疏松、降水集中、地形破碎、植被覆盖率低,以及人类土地利用开发活动有关。《普通高中地理课程标准(2017 年版 2020 年修订)》在学业质量水平 4 中要求学生要能够独立设计科学的地理模拟实验和考察方案,利用地理信息技术及相关工具、材料,分析与处理相关数据与信息,对地理事象进行科学解释与评价。

本实验通过收集黄土高原气象数据、DEM 数据、土壤数据等,设计利用通用土镶流失方程(USLE)估算黄土高原的土壤流失量及进行土壤侵蚀程度分级,探究降水、土壤、地形坡度坡长、地表植被覆盖等各种驱动因素与水土流失的定量关系,有助于学生理解和掌握黄土高原水土流失的原因和治理保护,提升其全面辩证分析问题的能力,培养其因地制宜和区域可持续发展的思想理念。

10

第十一章
资源环境监测专题

扫码查看
本章资源

第一节　资源环境监测概述

  《普通高中地理课程标准(2017年版2020年修订)》指出:通过选择性必修三的学习,学生要能够运用地理信息技术或其他地理工具,或实地调查身边的资源、环境状况,分析问题及成因,有理有据提出可行性对策(地理实践力)。遥感技术以其监测范围大、瞬时成像及受地面影响小等优势在资源环境监测中得到了广泛的应用。资源环境监测是指利用各种手段和方法,对自然资源、生态环境和人类活动进行系统、全面、连续的监测和评估。本章以太湖为案例研究区域,通过采集和处理 Landsat 8 数据,利用遥感技术提取太湖水域的分布,开展太湖水域面积变化动态监测,从而了解如何通过数据收集、处理和分析来提取有用的地物信息。通过本实验,学习如何获取遥感数据(如卫星影像、航空影像等),以及如何对这些数据进行预处理、影像解译和特征提取,从而培养遥感实践操作能力,提升数据处理和分析能力。同时,掌握利用遥感技术开展资源环境监测的方法和技能,提高利用遥感技术解决实际问题的能力。

  太湖位于长江三角洲的南缘,古称震泽、具区,又名五湖、笠泽,是中国第三大淡水湖,太湖横跨江苏、浙江两省,北临江苏无锡,南濒浙江湖州,西依江苏常州、江苏宜兴,东近江苏苏州。太湖地处东经 119°52′32″～120°36′10″、北纬 30°55′40″～31°32′58″之间,属于亚热带季风气候,四季分明,雨水丰沛,热量充裕。冬季受大陆冷气团侵袭,盛行偏北风,气候寒冷干燥;夏季受海洋气团控制,盛行东南风,气候炎热湿润。太湖岸线全长393.2千米,平均水深1.9米。太湖周边地势西高东低,西部多为丘陵,东部以平原为主,各类水系比较发达。太湖水系平均年出湖径流量为75亿立方米,蓄水量为44亿立方米。太湖岛屿众多,达到50多个,其中18个岛屿有人居住。太湖作为一个典型的淡水湖泊,吸引了许多科学家和研究人员的关注。

第二节 Landsat 数据介绍

Landsat 卫星是美国国家航空航天局（NASA）和美国地质调查局（USGS）合作开发的一系列地球观测卫星，主要用于获取地球陆地和沿海地区的中等分辨率光学遥感数据。这些卫星提供了连续的地表覆盖观测数据，支持决策者合理管理和利用地球自然资源。Landsat 系列的第一颗卫星于 1972 年 7 月 23 日发射。随后，Landsat 卫星不断改进，最新的 Landsat 9 卫星于 2021 年 9 月 27 日成功发射。自1972 年以来，Landsat 系列卫星一直在运行，提供了长时间序列的遥感图像，这使得研究人员能够进行长期的地表变化监测和趋势分析，该数据集也广泛用于地球科学研究、自然资源管理、环境监测、农业、城市规划等领域。

Landsat 数据集主要是多光谱遥感影像，包含可见光、红外和热红外等波段。Landsat 影像通常以数字形式存储，允许使用者对其进行分析和处理。用户可以通过 USGS 的 Earth Explorer 网站或其他数据分发渠道获取。这种开放政策促进了数据的广泛应用和研究。Landsat 卫星相关参数如表 11‑1。

表 11‑1 Landsat 系列卫星相关参数

卫星	发射时间	退役时间	传感器类型	高度	波段数据	周期
Landsat 1	1972-07-23	1978-01-06	MSS/RBV	～920km	4	～18 天
Landsat 2	1975-01-22	1983-07-27	MSS/RBV	～920km	4	～18 天
Landsat 3	1978-03-05	1983-09-07	MSS/RBV	～920km	4	～18 天
Landsat 4	1982-07-16	2001-06-15	MSS/TM	～705km	7	～16 天
Landsat 5	1984-03-01	2013-06-05	MSS/TM	～705km	7	～16 天
Landsat 6	1993-10-05	发射失败				
Landsat 7	1999-04-15	2025-06-04	ETM+	～705km	8	～16 天
Landsat 8	2013-02-11	在役	OLI/TIRS	～705km	11	～16 天
Landsat 9	2021-09-27	在役	OLI-2/TIRS-2	～705km	11	～16 天

Landsat 卫星搭载了多种传感器，包括 MSS（多光谱扫描仪）、TM（专题制图仪）、ETM+（增强型专题制图仪）、OLI（陆地成像仪）和 TIRS（热红外传感器）等（表11‑1），它们能够捕获不同波段的光谱信息，用于生成高分辨率的地球表面图像。与之前 Landsat 7 卫星相比，Landsat 8 卫星携带的 OLI/TIRS 传感器对应的波段范围变窄（表 11‑2），另外，在原有基础上 Landsat 8 增加了一个深蓝（Coastal）波段，用于检测近岸水体和大气中的气溶胶；在原近红外波段和短波红外波段新增了一个卷云（Cirrus）波段，用于检测卷云（表 11‑3）；同时还搭载了单独的热红外传感器，将原有的热红外波段范围一分为二。相比 Landsat 8，Landsat 9 携带二代陆地成像仪

11

(OLI-2)和二代热红外传感器(TIRS-2),新的传感器从 Landsat 8 的 12 位量化提高到 14 位量化,总体信噪比略有提高。Landsat 7 和 Landsat 8 传感器的波段异同点对比如下(表 11-2):

表 11-2　Landsat 7 和 Landsat 8 传感器波段对比

Landsat 7			Landsat 8		
波段名称	波段宽度（微米）	分辨率（米）	波段名称	波段宽度（微米）	分辨率（米）
—	—	—	Band 1(Coastal)	0.43~0.45	30
Band 1(Blue)	0.45~0.52	30	Band 2(Blue)	0.45~0.51	30
Band 2(Green)	0.52~0.60	30	Band 3(Green)	0.53~0.59	30
Band 3(Red)	0.63~0.69	30	Band 4(Red)	0.64~0.67	30
Band 4(NIR)	0.77~0.90	30	Band 5(NIR)	0.85~0.88	30
Band 5(SWIR 1)	1.55~1.75	30	Band 6(SWIR 1)	1.57~1.65	30
Band 7(SWIR 2)	2.09~2.35	30	Band 7(SWIR 2)	2.11~2.29	30
Band 8(Pan)	0.52~0.90	15	Band 8(Pan)	0.50~0.68	15
—	—	—	Band 9(Cirrus)	1.36~1.38	30
Band 6(TIR)	10.40~12.5	30/60	Band 10(TIR 1)	10.6~11.19	100
—	—	—	Band 11(TIR 2)	11.5~12.51	100

表 11-3　Landsat 8 传感器波段用途

传感器	波段序号	主要用途
OLI	Band 1	用于测量海岸线和陆地边界的大气气溶胶特性。
	Band 2	用于测量陆地和水体中的浅蓝色特征,包括水质监测和植被健康状况。
	Band 3	用于测量陆地和水体中的绿色特征,包括植被健康、植被覆盖和土地利用分类。
	Band 4	用于测量陆地和水体中的红色特征,包括植被健康、植被生长和土地利用分类。
	Band 5	用于测量陆地和水体中的近红外特征,包括植被生长、植被健康和土地利用分类。
	Band 6	用于测量陆地和水体中的短波红外特征,包括土地利用分类、土地覆盖和矿物识别。
	Band 7	用于测量陆地和水体中的短波红外特征,包括土地利用分类、土地覆盖和矿物识别。
	Band 8	高分辨率黑白波段,用于生成更清晰的影像。
	Band 9	用于测量大气中的云层和大气细颗粒物。
TIRS	Band 10	用于测量地表温度和火灾监测。
	Band 11	用于测量地表温度和火灾监测。

第三节　Landsat 数据源及处理

太湖地处亚热带季风气候,夏季处于丰水期,水量变化大。为了减少遥感影像选择对结果不确定性的影响,本章选择使用 2014 年 12 月 29 日和 2019 年 12 月 11 日的 Landsat 8 OLI 观测影像作为主要数据源,该数据从地理空间数据云(https://www.gscloud.cn/)下载得到。

由于不同时间和地点的遥感影像可能受到光照条件、大气成分和其他因素的影响,原始下载的遥感数据存在亮度和对比度的扭曲等问题,需要进行数据预处理。本节首先对太湖周边区域影像进行辐射定标,减少和消除传感器本身产生的误差,确保数据在不同时间的可比性;其次,对其进行大气校正,消除大气介质对遥感数据的影响(如吸收、散射),以获得地表真实反射率。

一、加载数据

依次打开菜单项【File】(文件)→【Open as】(打开为)→【Optical Sensors】(光学传感器)→【Landsat】(Landsat 卫星)→【GeoTIFF with Metadata】(带元数据的GeoTIFF 数据),弹出打开文件对话框,进入实验数据目录,选择打开 * _MTL. txt文件(图 11 - 1),在弹出的"File Selection"(文件选择)对话框中选择多光谱数据文件

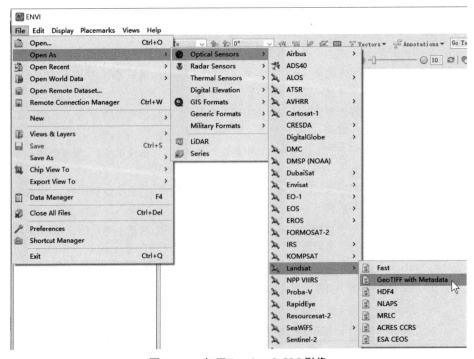

图 11 - 1　打开 Landsat 8 OLI 影像

"LC08_L1TP_119038_20191211_20191217_01_T1_MTL_MultiSpectral",单击
【OK】按钮。如图 11-2 所示:

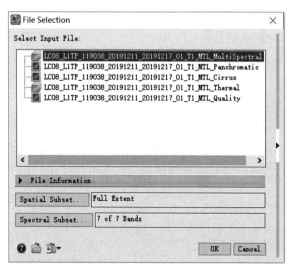

图 11-2 辐射定标波段选择

二、辐射定标

1. 参数设置

打开 Toolbox(工具箱),依次打开【Radiometric Correction】(辐射校正)→
【Radiometric Calibration】(辐射定标),弹出辐射定标对话框,在打开的文件选择对
话框中单击选择多光谱数据(LC08_L1TP_119038_20191211_20191217_01_T1_
MTL_MultiSpectral),打开【Radiometric Calibration】面板(图 11-3)。单击【Apply
FLAASH Settings】(应用 FLAASH 设置),设置以下参数:

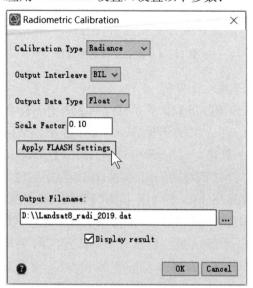

图 11-3 辐射定标参数设置

- 【Calibration Type】(定标类型)：Radiance(辐射率数据)
- 【Output Interleave】(存储顺序)：BIL
- 【Output Data Type】(输出数据类型)：Float(单精度浮点型)
- 【Scale Factor】(调整系数)：0.10
- 【Output Filename】(输出文件名)：Landsat8_radi_2019.dat。

参数设置完成后，单击【OK】按钮，执行辐射定标。

2. 辐射定标前后影像值对比

依次右键单击辐射定标前的多光谱数据(LC08_L1TP_119038_20191211_20191217_01_T1_MTL_MultiSpectral)和定标后的数据"Landsat8_radi_2019.dat"，单击【Quick Stats】(快速统计)，查看影像像元数据值的变化(图11-4)。

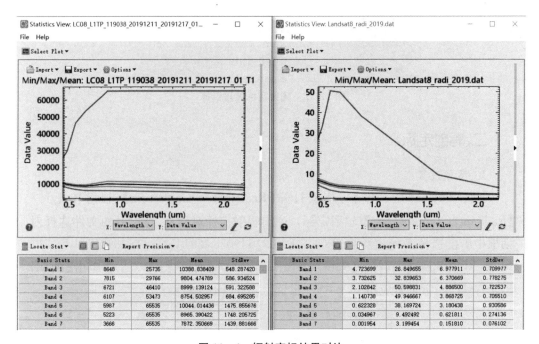

图11-4 辐射定标结果对比

3. 计算处理区域平均地面高程

首先，依次打开菜单项【File】(文件)→【Open】(打开)，弹出打开文件对话框，打开 ENVI 安装目录\\Exelis\\ENVI53\\data，选择打开"GMTED2010.jp2"；其次，依次打开【Toolbox】(工具箱)→【Statistics】(统计)→【Compute Statistics】(计算统计)，选择输入文件为"GMTED2010.jp2"文件，依次单击选择【Stats Subset】(统计子集)→【File】(文件)，打开"Subset by File Input File"(按文件提取统计子集的输入文件)对话框，选中"Landsat8_radi_2019.dat"为本实验的处理区域的范围(图11-5)，单击【OK】按钮，输出处理结果。根据计算，研究区的平均海拔高程(Ground Elevation)为 0.016 千米(图11-6)。

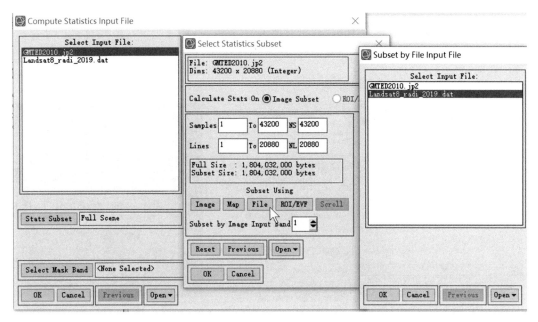

图 11‑5　平均海拔计算

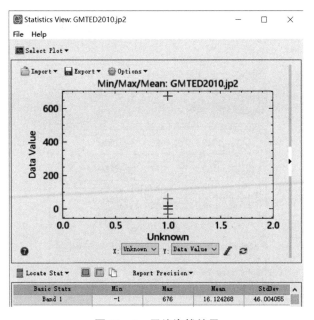

图 11‑6　平均海拔结果

4. FLAASH 大气模型校正

（1）打开 Toolbox，依次选择打开【Radiometric Correction】（辐射校正）→
【Atmospheric Correction Module】（大气校正模块）→【FLAASH Atmospheric
Correction】（FLAASH 大气校正），弹出 FLAASH 大气校正工具。单击【Input
Radiance Image】（输入辐射率影像），选择前述定标后的"Landsat8_radi_2019. dat"

11

文件,单击【Spatial Subset】(空间子集),在弹出的【Select Spatial Subset】(选择空间子集)中单击【Image】(影像)按钮和选择处理子集范围(图 11 - 7),最终选择的子集范围结果如图 11 - 8 所示。

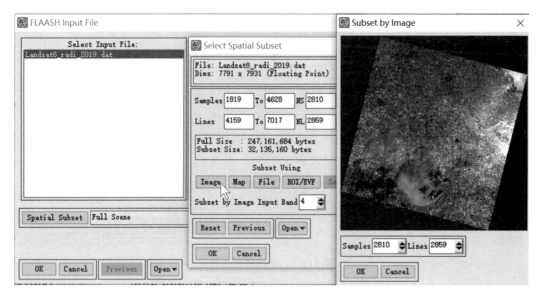

图 11 - 7 FLAASH 模型输入影像空间子集参数设置

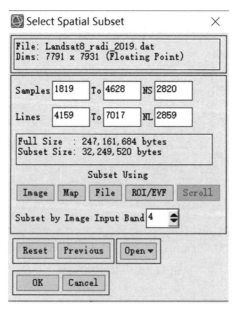

图 11 - 8 FLAASH 模型输入影像空间子集设置结果

(2) 设置输入文件后,弹出辐射率数据单位调整系数对话框,选中【Use single scale factors for all bands】单选按钮,点击【OK】,如图 11 - 9 所示。

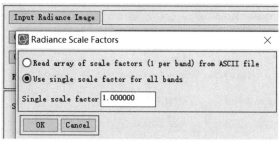

图 11 - 9　**Radiance Scale Factors** 对话框

（3）单击【Output Reflectance File】按钮,设置输出路径和文件名为"D:\\Landsat8_flaash_2019. dat";单击【Output Directory for FLAASH Files】(FLAASH 文件输出目录),设置输出 FLAASH 文件路径;【Sensor type】(传感器类型)选择 Landsat 8 OLI,软件自动设置【Sensor Altitude】(传感器高度)、【Pixel Size】(像元大小)、【Flight Date】(影像日期)、【Flight Time】(影像获取时间)等;【Ground Elevation】设置为前述计算的平均海拔 0. 016 千米;【Atmospheric Model】(大气模型)选择"Mid-Latitude Summar（MLS）"(图 11 - 10)。

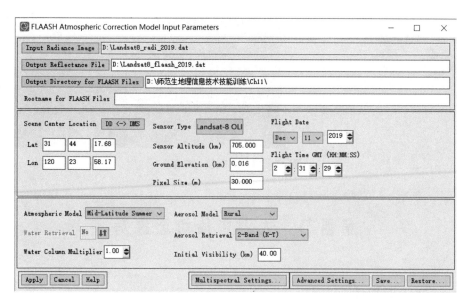

图 11 - 10　**FLAASH** 模型主要参数设置

（4）单击【Multispectral Settings…】,弹出"Multispectral Settings"设置对话框,单击【Kaufman-Tanre Aerosol Retrieval】选项卡,单击选择 Defaults,其他参数按缺省值设置,单击【OK】按钮,如图 11 - 11 所示。最后,单击【Apply】,完成大气校正。

（5）重复前述步骤,对 2014 年数据进行处理,输出的 2014 年和 2019 年的大气校正结果如图 11 - 12 所示。

11

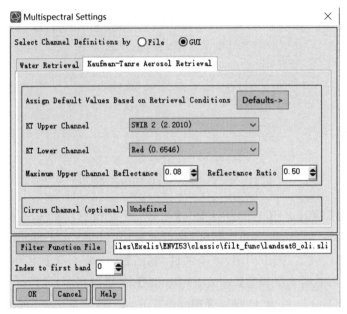

图 11-11　多光谱参数设置

图 11-12　大气校正结果

第四节　太湖水体动态监测

一、水体指数计算

1. 水体指数原理

通常情况下,水体的反射率从可见光到中红外波段逐渐减弱,而在近红外和中红外波长范围内吸收性最强,几乎无反射。因此用可见光波段和近红外波段的反差突出影像中的水体信息。

归一化水体指数(NDWI,Normalized Difference Water Index)是一种常用的水体指数,常用于检测和区分水体与其他地物。NDWI 的计算公式如下:

$$NDWI = (Green - NIR)/(Green + NIR) \qquad (式11-1)$$

其中,NIR 代表近红外波段的反射率,Green 代表绿色波段的反射率。NDWI 的取值范围通常在 -1 到 1 之间,水体具有较高的 NDWI 值,而其他地物则具有较低的 NDWI 值。对于 NDWI,常见的阈值约定为 0,即 NDWI 大于 0 的像元被分类为水体,小于 0 的像元被分类为非水体。然而,阈值的选择也会因影像类型、地区环境和研究目的而有所不同。NDWI 常用于水体监测、湖泊变化检测、洪涝灾害评估等水资源管理和环境研究领域。它是一种简单而有效的水体指数,具有广泛的应用价值。

2. 水体指数计算

通常情况下,基于辐射定标和大气校正的结果,利用波段计算(Band Math)工具来获取水体指数。波段计算工具能够执行图像中各个波段的加、减、乘、除、三角函数、指数、对数等数学函数计算,也可以使用 IDL 运算符(表 11-4)。IDL 的数组运算符使用方便且功能强大,它们可以对图像中的每一个像元进行单独检验和处理,而且避免了 FOR 循环的使用(不允许在波段运算中使用)。IDL 运算符对图像中的每个像元同时进行处理,并将结果返还到与输入图像具有相同维数的图像中。

表 11-4 **Band Math 常用运算符**

种类	操作函数
基本运算	加(+)、减(-)、乘(*)、除(/)
三角函数	正弦 sin(x)、余弦 cos(x)、正切 tan(x)
	反正弦 asin(x)、反余弦 acos(x)、反正切 atan(x)
	双曲正弦 sinh(x)、双曲余弦 cosh(x)、双曲正切 tanh(x)
关系和逻辑运算符	小于(LT)、小于等于(LE)、等于(EQ)、不等于(NE)、大于等于(GE)、大于(GT)
	AND、OR、NOT、XOR
	最小值运算符(<)和最大值运算符(>)
其他数学函数	指数(^)和自然指数(exp(x))
	自然对数(alog(x))
	以 10 为底的对数(alog10(x))
	整型取整--round(x)、ceil(x)、和 floor(x)
	平方根(sqrt(x))
	绝对值(abs(x))

依次打开【Toolbox】(工具箱)→【Band Algebra】(波段代数)→【Band Math】(波段运算)工具,在【Enter an expression】(键入表达式)中录入表达式:float(b3-b5)/(b3+b5),单击【Add to List】(添加到列表)(图 11-13),单击【OK】按钮,弹出"Variables to Bands Pairings"(指定变量到波段对),指定 b3 和 b5 所代表的波段,即 Landsat 8 OLI 数据的第 3 波段和第 5 波段(图 11-14);单击【OK】按钮执行波段运算,输出波段运算结果。

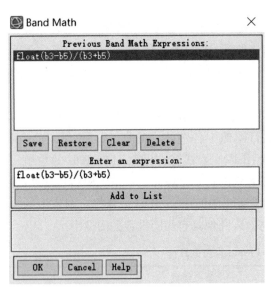

图 11-13　NDWI 波段运算设置

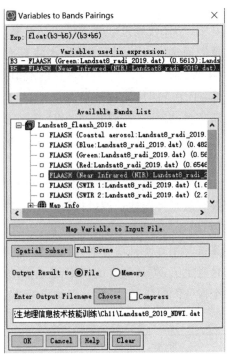

图 11-14　波段选择对话框

二、决策树分类

1. 决策树分类原理

决策树分类是一种基于树状结构的机器学习算法,用于将数据集中的样本进行分类。其基本原理是通过构建一棵树状结构来对数据进行分类,每个叶子节点表示一个类别。

构建决策树时,需要选择最佳的特征来进行节点的分裂。通常使用某种度量方法(如信息增益、基尼系数)来评估每个特征的重要性,选择能够区分不同类别的特征作为分裂的依据。另外,选择了最佳特征后,将数据集根据该特征的取值进行分割,生成子节点。这个过程不断递归,直到满足某种终止条件,如达到树的最大深度、节点中的样本数小于某个阈值或者特征不能继续被划分。

决策树构建完成后,为了避免过拟合,可以对树进行剪枝。剪枝是指去除一些不必要的分支或子树,以减少模型的复杂度,提高泛化能力。当新样本进入决策树时,根据其特征值依次向下遍历树的分支,直到达到叶子节点。叶子节点的类别即为样本的分类结果。

2. 构建决策树

(1) 打开 Toolbox,依次选择打开【Classification】(分类)→【Decision Tree】(决策树)→【New Decision Tree】(新建决策树),单击 Node 1,打开"Edit Decision

Properties"(编辑决策属性)对话框,设置【Name】为"ndwi＞0.3",在 Expression 中输入计算公式 b1 gt 0.3(图 11‑15),单击【OK】按钮,弹出 Variables/File Pairings (变量/文件对)对话框。

(2) 在 Variables/File Pairings(变量/文件对)对话框中,单击 b1,在"Select Band to Associate with Variable 'b1'"(选择关联到变量 b1 的波段)对话框中,选择刚刚生成的 NDWI 影像"Landsat8_2019_NDWI.dat",然后点击【Hide】(隐藏)按钮(图 11‑16)。

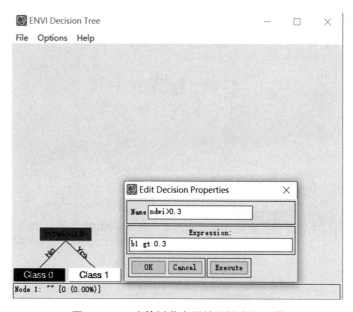

图 11‑15　决策树节点属性编辑参数设置

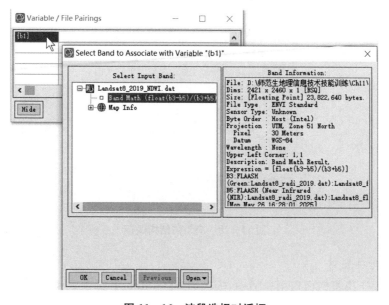

图 11‑16　波段选择对话框

（3）右键单击叶子结点 Class 0，弹出"Edit Class Properties"（编辑类属性）对话框，设置【Name】（名称）为"Nonwater"，【Color】（颜色）设置为 Yellow2，重复执行前述步骤，修改 Class 1 的【Name】为"Water"，【Color】设置为 Blue（图 11 - 17），单击【File】（文件）→【Save Tree】（保存决策树）（图 11 - 18）。

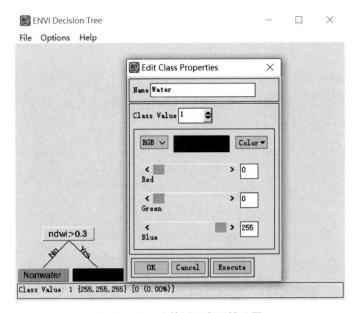

图 11 - 17 决策树结点属性设置

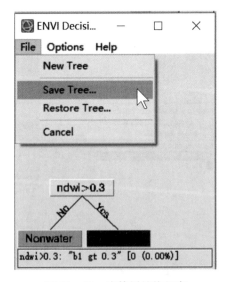

图 11 - 18 决策树结构保存

3. 执行决策树

在 ENVI 决策树窗口菜单栏中，依次选择【Options】（选项）→【Execute】（执行），设置决策树分类结果的输出路径及文件名。单击【OK】按钮，执行决策树分类，输出结果如图 11-19 所示。

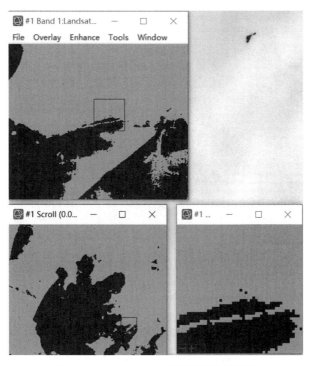

图 11-19　2019 年水体决策树分类结果

三、分类后处理

依次选择【Toolbox】（工具箱）→【Classification】（分类）→【Post Classification】（分类后处理）→【Majority/Minority Analysis】（图 11-20），打开"Majority/Minority Parameters"（Majority/Minority 参数）对话框，选择"Water"，设置输出文件名为 "Landsat8_2019_NDWI_Classify_Majority. dat"，单击【OK】按钮（图 11-21），完成 "Majority"分析。

依次选择【Toolbox】（工具箱）→【Classification】（分类）→【Post Classification】（分类后处理）→【Clump Classes】（聚类分析）（图 11-22），打开"Classification Clumping"对话框，选择"Water"，设置输出文件名为"Landsat8_2019_NDWI_ Classify_Majority_Clumping. dat"，单击【OK】按钮，完成"Clump"分析。最终分类处理结果如图 11-23 所示。

11

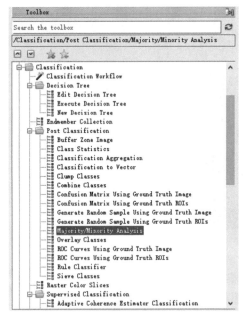

图 11‑20　Majority/Minority 工具路径

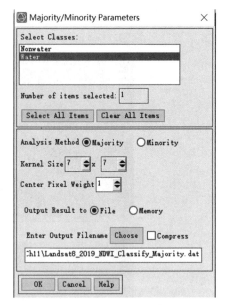

图 11‑21　Majority 分析参数设置

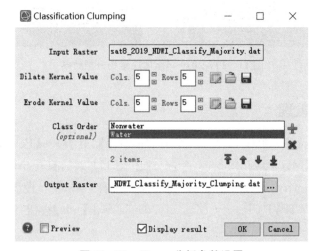

图 11‑22　Clump 分析参数设置

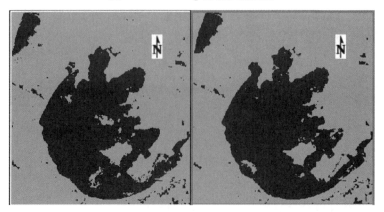

图 11‑23　太湖分布图(左:2014 年;右:2019 年)

四、太湖水体时空变化监测

加载遥感分类后结果影像在 ENVI 5.3 中同时打开 2014 年和 2019 年两个时相的遥感影像分类后处理结果文件："Landsat8_2014_NDWI_Classify_Majority_Clumping. dat"和"Landsat8_2019_NDWI_Classify_Majority_Clumping. dat"。

依次打开【Toolbox】(工具箱)→【Change Detection】(变化监测)→【Change Detection Statistics】(变化监测统计),【Select the 'Initial State' Image】(选择初始状态影像)设置为"Landsat8_2014_NDWI_Classify_Majority_Clumping. dat",设置"Landsat8_2019_NDWI_Classify_Majority_Clumping. dat"为最终状态影像("Final State" Image)(图 11－24 和图 11－25),单击【OK】按钮,打开【Define Equivalent Classes】(定义等效类别)对话框。

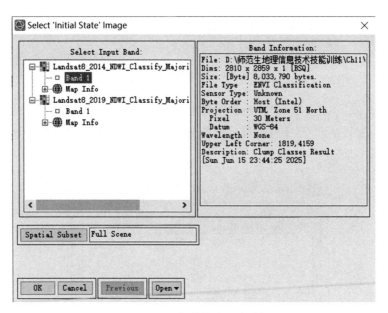

图 11－24　初始状态影像选择

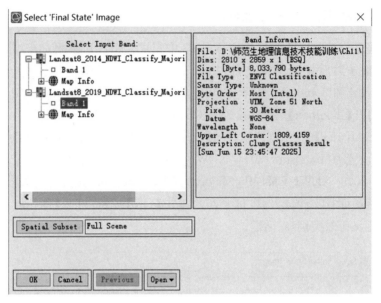

图 11 - 25　最终状态影像选择

在【Define Equivalent Classes】(定义等效类别)对话框中,选择开展像元变化统计的类别匹配关系,直至所有需要分析的分类类别一一对应(显示在 Paired Classes 列表中)(图 11 - 26)。

图 11 - 26　Define Equivalent Classes 参数设置

11　　　单击【OK】按钮,弹出 Change Detection Statistics Output(变化监测统计输出)

参数设置对话框。在复选框中选择【Report Type】(报告类型):Pixels(像元)、Percent(百分比)和 Area(面积)。【Output Classification Mask Images?】(输出分类掩膜影像)选择【No】,设置不输出掩膜图像(图 11－27)。单击【OK】按钮,执行 Change Detection Statistics(变化监测统计)分析,计算结果如图 11－28 所示。由于待分析影像像元大小为 30 米×30 米,根据计算结果,探究时段内太湖周边水域面积略有减少[(121 711－110 384)×900≈10 km²]。

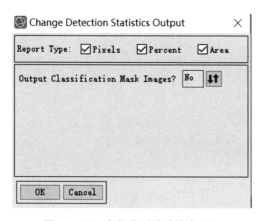

图 11－27　变化监测统计输出设置

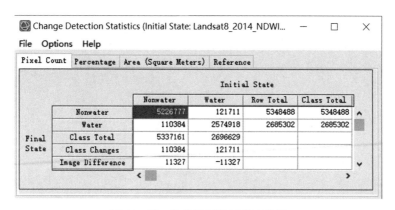

图 11－28　变化监测统计输出结果

五、监测结果分析

卫星遥感数据的大范围观测、快速实时和成本低等特点使其在水体信息提取领域得到了广泛的研究和应用。尤其是 Landsat 系列卫星具有观测时间序列长、卫星观测覆盖范围大、中等分辨率(15 米至 100 米)利于识别大范围地形特征等多个优点。因而,长期以来,Landsat 卫星影像数据成为资源环境变化监测的重要数据源。

《普通高中地理课程标准(2017 年版 2020 年修订)》中指出:"对'地理过程与变化'一类内容的考查,要突出对地理空间动态过程的观察、规律概括与趋势预测等学

11

科思维模式、探究方法与技能的运用。"本节通过收集 Landsat 8 卫星影像,通过开展辐射定标、大气校正,利用水体指数提取出 2014 年和 2019 年太湖周边水域的分布,进而进行太湖水体面积的动态监测。结果指出 2014 年太湖面积为 2 427 平方千米,2019 年太湖面积为 2 417 平方千米,五年间太湖水体面积略呈减少趋势,这与张莘琛等(2024)学者的研究结果基本一致。总体上,本节实验较好地把地表水体信息提取和表现出来,客观地反映探究时段内太湖水体的时空变化情况。

11

主要参考文献

[1] 段玉山,夏志芳.基础教育阶段地理信息(GIS)教育研究[J].全球教育展望,2002,31(11):54-58.

[2] 段玉山.地理信息技术应用·教师教学手册[M].长沙:湖南教育出版社,2007.8.

[3] 宋晓东,王锦杰,张琦,等.WebGIS在线数据平台探究式地理教学案例设计与思考——以气象灾害台风为例[J].地理教学,2020(6):57-60.

[4] 孙汉群.高中地理新课标与地理信息技术应用教学[J].江苏教育学院学报:自然科学版,2006,23(1):111-115.

[5] Liu S, Zhu X. Designing a Structured and Interactive Learning Environment Based on GIS for Secondary Geography Education[J]. Journal of Geography, 2008,107(1): 12-19.

[6] 周贝."地理信息技术应用"课堂教学研究[D].武汉:华中师范大学,2011.

[7] 安业.高中地理信息技术课程探究[D].长春:东北师范大学,2012.

[8] 汤正全.GIS辅助高中地理教学案例设计研究[D].南京:南京师范大学,2015.

[9] 侯姣.GIS在高中人文地理教学中的应用研究[D].昆明:云南师范大学,2018.

[10] 黄振新,李立新.运用地理信息技术软件辅助地理教学——以LocaSpaceViewer的应用为例[J].中学地理教学参考,2018,454(22):44-46.

[11] 王春飘,王朝露,张爽,等.基于地理信息技术的地理实践力培养的教学案例构建[J].教育现代化,2019,6(18):127-128.

[12] 高翠微,谷丰."中学地理信息技术实践"校本课程开发与实施[J].天津师范大学学报(基础教育版),2021,22(2):81-86.

[13] AKIMOTO H. The Role of GIS in Secondary Geographical Education[J]. Theory and Applications of GIS, 2003,11(1): 109-115.

[14] 汤国荣.论地理核心素养的内涵与构成[J].课程.教材.教法,2015,35(11):119-122.

[15] 朱桂琴.核心素养视域下的师范生实践教学变革:方向、困境与路径[J].教育发展研究,2017,37(12):46-51.

[16] 中华人民共和国教育部.普通高中地理课程标准(2017年版2020年修订)[M].北京:人民教育出版社,2020.

[17] 马伶玉,付一静,魏潇.地理教师地理实践力的构成及提升策略[J].教学与管理,2021(18):56-58.

[18] 温小军.师范生核心素养的内涵及其生成路径[J].教育导刊,2019,651(2):86-90.

[19] 赵军华.高中地理实践活动主题选择策略分析[J].新课程(中学),2018(11):37.

[20] 张佩佩,王玲.GIS技术应用于中学地理教学的研究热点及趋势分析[J].中学地理教学参考,

2017(16):12-15.

[21] 韩加强,童颜,吴曼. 地理教师核心素养:新课程改革的诉求[J]. 地理教学,2018(7):9-61.

[22] 黄靖,袁金国,王娅静. 地理信息技术在中学地理教学中应用研究综述[J]. 信息与电脑(理论版),2020,32(22):246-248.

[23] 杨朝晖. 师范生技能实训教程[M]. 北京:北京理工大学出版社,2014.8.

[24] 任国荣,郭中领,李巧娥,等. 地理师范生教学技能训练手册[M]. 科学出版社,2017.

[25] 刘文新,赵阳,陈万基. 指向未来中学地理教师GIS素养培养的模式探讨[J]. 中学地理教学参考,2023(17):76-79.

[26] 陈述彭. 地理信息系统导论[M]. 北京:科学出版社,2002.

[27] 龚健雅. 地理信息系统基础[M]. 北京:科学出版社,2001.

[28] 柯樱海,甄贞,李小娟,等. 遥感导论[M]. 北京:中国水利水电出版社,2019.

[29] 黄杏元. 地理信息系统概论(修订版)[M]. 北京:高等教育出版社,2001.

[30] 吴信才. GIS开发大变革——云计算模式下MapGIS全新开发模式深度解析[M]. 北京:电子工业出版社,2015.

[31] 邓书斌,陈秋锦,社会建,等. ENVI遥感图像处理方法(第二版)[M]. 北京:高等教育出版社,2014.

[32] 杨昕,汤安国,邓凤国,等. ERDAS遥感数字图像处理实验教程[M]. 北京:科学出版社,2009.

[33] 吴信才,吴亮,万波等. 地理信息系统应用与实践[M]. 北京:电子工业出版社,2020.

[34] 董昱,胡云锋,王娜. QGIS软件及其应用教程[M]. 北京:电子工业出版社,2021.

[35] 丁华祥,唐力明. 空间处理建模技术的概念和应用——利用ArcGIS ModelBuilder工具实现空间数据的转换[J]. 测绘通报,2009(1):64-67.

[36] 刘海飞,胡强. 基于ArcGIS平台的影像标准分幅批量裁剪[J]. 测绘与空间地理信息,2023,46(7):8-11.

[37] 袁坤,王佩,张炜柯. 基于ArcGIS模型构建器的坡度坡长因子提取工具的实现与应用[J]. 测绘技术装备,2023,25(4):127-130.

[38] 杜夏. 基于GIS的启蒙英文绘本馆选址问题研究[D]. 呼和浩特:内蒙古大学,2021.

[39] 曲博雅,周梦媛. 基于GIS的大型超市选址分析[J]. 测绘与空间地理信息,2021,44(8):168-171.

[40] SEDAT D, CEM K, HALIL A, et al. Determining the suitable settlement areas in Alanya with GIS-based site selection analyses[J]. Environmental science and pollution research, 2022(30): 29180-29189.

[41] DINHTHANH N, MINHHOANG T, THIPHUONGUYEN N, et al. GIS-Based Simulation for Landfill Site Selection in Mekong Delta: A Specific Application in BenTre Province[J]. Remote Sensing, 2022, 14(22): 5704.

[42] LI Q, LIAO J, SONG Z. Analysis of the Site Selection of Yarlung Zangbo Hydropower Station Based on GIS[J]. Academic Journal of Environment & Earth Science, 2023, 5(10): 26-30.

[43] 杜润凤,王霄鹏,张佳华,等. 高分五号卫星高光谱遥感分类方法研究综述[J]. 青岛大学学报(工程技术版),2023,38(4):83-193.

［44］宋凯达.江苏省典型农作物的遥感识别与分类研究［D］.南京:南京信息工程大学,2023.

［45］ FARASLIS I, DALEZIOS R, ALPANAKIS N, et al. Remotely Sensed Agroclimatic Classification and Zoning in Water-Limited Mediterranean Areas towards Sustainable Agriculture［J］. Remote Sensing, 2023, 15(24): 5720.

［46］杨星,方乐缘,岳俊.高光谱遥感影像半监督分类研究进展［J］.遥感学报,2024,28(1):20-41.

［47］ DOU P, HUANG C, HAN W, et al. Remote sensing image classification using an ensemble framework without multiple classifiers［J］. ISPRS Journal of Photogrammetry and Remote Sensing, 2024(208): 190-209.

［48］陈习琼.云南省老年人口地域分布及其与地理环境的关系［J］.中国老年学杂志,2022,42(24):6131-6134.

［49］程东亚,李旭东.贵州省乌江流域人口分布与地形的关系［J］.地理研究,2020,39(6):1427-1438.

［50］胡焕庸.中国人口之分布——附统计表与密度图［J］.地理学报,1935,2(2):33-74.

［51］肖杰,郑国璋,赵培,等.基于GIS的关中—天水经济区人口分布特征及影响因素研究［J］.中国农业资源与区划,2020,41(5):167-175.

［52］谢平,文倩,孙水娟,等.基于人粮关系的湖南省耕地资源人口承载力研究［J］.水土保持研究,2012,19(4):274-277+295.

［53］陈云浩,史培军,李晓兵.基于遥感和GIS的上海城市空间热环境研究［J］.测绘学报,2002,31(2):139-144.

［54］岳文泽,徐建华,徐丽华.基于遥感影像的城市土地利用生态环境效应研究——以城市热环境和植被指数为例［J］.生态学报,2006,26(5):1450-1460.

［55］ TEO Y, MAKANI M, WANG W, et al. Urban Heat Island Mitigation: GIS-Based Analysis for a Tropical City Singapore［J］. International Journal of Environmental Research and Public Health, 2022, 19(19): 11917.

［56］杨英宝,苏伟忠,江南.基于遥感的城市热岛效应研究［J］.地理与地理信息科学,2006,22(5):39-43.

［57］高广旭,武永斌,冯志立.基于遥感云平台的郑州市热岛效应时空演变分析［J］.测绘与空间地理信息,2024,47(3):106-109.

［58］王建凯,王开存,王普才.基于MODIS地表温度产品的北京城市热岛(冷岛)强度分析［J］.遥感学报,2007,11(3):330-339.

［59］ JUMARI N, AHMED A, HUANG Y, et al. Analysis of urban heat islands with landsat satellite images and GIS in Kuala Lumpur Metropolitan City［J］. Heliyon, 2023, 9(8): 18424.

［60］ WAN Z, DOZIER J. A generalized split-window algorithm for retrieving land-surface temperature from space［J］. IEEE Transaction Geoscience & Remote Sensing, 1996, 34(4): 892-905.

［61］ WAN Z, LI Z. A physics-based algorithm for retrieving land-surface emissivity and temperaturefrom EOS/MODISdata［J］. IEEE Transactionson Geoscience and Remote Sensing, 1997, 35(4): 980-996.

［62］OKE T R. Boundary Layer Climates［M］. Cambridge ：Cambridge University Press，1978.

［63］WISCHMEIER W，SMITH D. Predicting rainfall erosion losses-a guide to conservation planning［J］. Agriculture Handbook，1978(537)：48－49.

［64］李锐,杨勤科.水土流失动态监测与评价研究现状与问题［J］.中国水土保持,1999,11(212)：33－35.

［65］卜兆宏,宫世俊,阮伏水,等.降雨侵蚀力因子的算法及其在土壤流失量监测中的选用［J］.遥感技术与应用,1992,7(3)：1－10.

［66］HICKEY R，SMITH A，JANKOWSKI P. Slope length calculations from a DEM within ARC/INFO grid［J］. Computers Environment & Urban Systems，1994，18(5)：365－380.

［67］张宏鸣.流域分布式土壤侵蚀学坡长提取与分析［D］.杨凌:西北农林科技大学,2012.

［68］刘爱霞,王静,刘正军.三峡库区土壤侵蚀遥感定量监测——基于 GIS 和修正通用土壤流失方程的研究［J］.自然灾害学报,2009,18(4)：25－30.

［69］李兰,周忠浩,刘刚才.容许土壤流失量的研究现状及其设想［J］.地球科学进展,2005,20(10)：1127－1134.

［70］张世杰.基于下游河流健康的黄土高原土壤容许流失量［D］.杨凌:西北农林科技大学,2010.

［71］高海东,李占斌,李鹏,等.基于土壤侵蚀控制度的黄土高原水土流失治理潜力研究［J］.地理学报,2015,70(9)：1503－1515.

［72］程积民,万惠娥,山仑,等.中国黄土高原植被建设与水土保持［M］.北京:中国林业出版社,2002.

［73］李宗善,杨磊,王国梁,等.黄土高原水土流失治理现状、问题及对策［J］.生态学报 2019,39(20)：7398－7409.

［74］李杨杨.基于 MODIS 的内陆湖泊水生植被动态变化遥感监测及影响因素分析［D］.南京:南京师范大学,2021.

［75］李士进,刘帅,杨晨,等.基于云覆盖分类的太湖蓝藻 MODIS 图像分析［J］.南京师范大学学报(工程技术版),2012,12(3)：31－37.

［76］李相儒,金钊,张信宝,等.黄土高原近 60 年生态治理分析及未来发展建议［J］.地球环境学报,2015,6(31)：248－254.

［77］汤国安,杨昕,张海平,等.ArcGIS 地理信息系统空间分析实验教程(第三版)［M］.北京:科学出版社,2021.

［78］张莘琛,祝一诺,叶爱中.1985—2020 年太湖月尺度高精度水体面积提取分析［J］.北京师范大学学报(自然科学版),2024,60(2)：285－292.